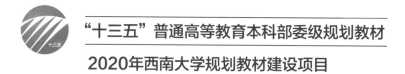

“十三五”普通高等教育本科部委级规划教材

2020年西南大学规划教材建设项目

服装CAD-3D
服装设计基础及应用

FUZHUANG CAD-3D
FUZHUANG SHEJI JICHU JI YINGYONG

赵雨　宋婧　徐律　│　编著

中国纺织出版社有限公司

内 容 提 要

本书为"十三五"普通高等教育本科部委级规划教材。本书从3D服装计算机辅助设计入手，介绍现阶段3D服装计算机辅助设计的基础知识，并以3D服装设计软件CLO 3D 5.0系统为平台，详细介绍了该系统界面、2D及3D工具、三维虚拟试衣、动态走秀、面料属性调整等。此外，大量列举了运用CLO 3D 5.0系统进行服装设计的实例，展示了服装从2D板片到3D立体结构的模拟过程。在实例演示中，合理融入CLO 3D 5.0系统的大量工具，从而最大限度地展示该软件的功能和性能。

本书的内容对课堂教学及自主学习有较大帮助，可作为各类服装院校及服装企业相关人员学习CLO 3D 相关软件的教材或参考用书。

图书在版编目（CIP）数据

服装 CAD-3D：服装设计基础及应用 / 赵雨，宋婧，徐律编著 . —— 北京：中国纺织出版社有限公司，2021.1
"十三五"普通高等教育本科部委级规划教材
ISBN 978-7-5180-7352-8

Ⅰ . ①服…　Ⅱ . ①赵…②宋…③徐…　Ⅲ . ①服装设计—计算机辅助设计—AutoCAD 软件—高等学校—教材
Ⅳ . ① TS941.26

中国版本图书馆 CIP 数据核字（2020）第 071848 号

策划编辑：魏　萌　　特约编辑：杨　勇
责任校对：寇晨晨　　责任印制：王艳丽

中国纺织出版社有限公司出版发行
地址：北京市朝阳区百子湾东里 A407 号楼　邮政编码：100124
销售电话：010 — 67004422　传真：010 — 87155801
http://www.c-textilep.com
中国纺织出版社天猫旗舰店
官方微博 http://weibo.com/2119887771
北京通天印刷有限责任公司印刷 各地新华书店经销
2021 年 1 月第 1 版第 1 次印刷
开本：787 × 1092　1/16　印张：9
字数：206 千字　定价：56.00 元

凡购本书，如有缺页、倒页、脱页，由本社图书营销中心调换

前言

随着科技的发展和服装行业的进步，服装三维设计技术日新月异。从最初的2D制板软件到当今的3D虚拟试衣软件，计算机辅助设计在服装领域的发展迅速，展现出服装与科技、时代的紧密联系。三维服装设计将3D技术运用到服装设计领域，快速实现2D板片转化为3D虚拟样衣，通过设置面料属性、调整服装色彩等，更直观、快速地帮助设计师传达设计理念及展现服装成衣效果。

如今，各服装院校相继设置3D立体服装设计软件的相关课程，一些企业也涉及此类软件，但目前尚缺少相关软件的集中学习资料，学习软件时比较吃力。编著此书，希望能在一定程度上帮助读者学习CLO 3D的相关软件，同时能举一反三，对整个3D服装计算机辅助设计有更深的了解及运用。

本书的编写遵循循序渐进的思维模式，以CLO 3D 5.0软件的宏观介绍为开篇，再对软件的各部分进行详细说明，最后展示大量实例，使读者更容易理解及使用。本书主要由四章组成，分别为"概述""CLO 3D软件系统简介""女款服装设计案例"及"男款服装设计案例"。详细介绍了CLO 3D工具的使用及服装3D成衣模拟过程，并在最后一章说明了如何使用CLO 3D 5.0来制作3D模拟走秀，营造人体着装后在T台上走秀的虚拟效果。在实例方面，以女装5个类别的10款服装、男装5个类别的5款服装进行展示，循序渐进地表达出常用工具及面料设置的使用方法。笔者意在通过对15款3D服装制作过程的说明，使读者掌握此软件的工具其综合运用，并在各章后设置有思考题，使读者能够进行理论与实践的强化练习。

本书具有三个特点：一是介绍了CLO 3D 5.0软件中2D及3D工具的详细使用方法；二是每一章都图文并茂地展示了服装设计中的常用工具及操作环节，每个实例都与软件中的工具密切结合，并配有详细的使用说明，能很好地辅助读者对该软件功能及性能的理解；三是在最后章节中介绍了CLO 3D 5.0软件与其他兼容软件的配合使用，以拓展CLO 3D 5.0软件的应用前景与可能性。

最后，衷心感谢参与本书编写工作的人员：王元倩、张敏、孙梦琴及周凤等。

由于编著者编写时间紧促，书中疏漏之处在所难免，欢迎读者批评指正。

编著者
2019年12月

教学内容及课时安排

章 / 课时	课程性质 / 课时	节	课程内容
第 1 章 /1	基础知识 /5	·	**概述**
		1	3D 服装计算机辅助设计基础知识
		2	3D 服装设计软件介绍
第 2 章 /4		·	**CLO 3D软件系统简介**
		1	CLO 3D 5.0 系统界面介绍
		2	CLO 3D 5.0 系统功能介绍
第 3 章 /30	课程实践 /40	·	**女款服装设计案例**
		1	女士衬衫设计
		2	女士裤装设计
		3	女士裙装设计
		4	女士外套设计
		5	女士羽绒服设计
第 4 章 /10		·	**男款服装设计案例**
		1	男士衬衫设计
		2	男士裤装设计
		3	男士西装设计
		4	男士外套设计
		5	男士运动套装设计

注　各院校可根据自身的教学特点和教学计划对课程时数进行调整。

目录

基础知识

第1章 概述

课题内容： 3D服装计算机辅助设计基础知识

3D服装设计软件介绍

课题时间： 1课时

教学目的： 通过对目前3D服装软件的背景介绍使读者对3D服装软件有一定认识，深入了解学习该软件的必要性。

教学方式： 讲授法。

教学要求： 1. 通过对3D服装计算机辅助设计的介绍，使读者理解这一概念。

2. 通过对不同3D服装软件的介绍，使读者了解3D服装软件现阶段状态。

第1节　3D服装计算机辅助设计基础知识

1.1.1　3D服装计算机辅助设计的概念

　　服装计算机辅助设计是通过计算机工具的辅助，完成服装款式设计、服装纸样设计及放码排料等的数字化及智能化设计[1,2]。3D服装计算机辅助设计是设计者通过使用3D服装设计工具，将二维服装纸样转化为三维立体服装。在3D服装设计软件上，可将二维服装纸样进行裁剪缝合（图1-1-1），并将缝合后的3D服装进行虚拟展示等。3D服装虚拟展示，可直观地表现所设计服装在人体虚拟模型上的着装效果（图1-1-2）。3D服装计算机辅助设计可提高服装产品的设计效率，省略生产制造中的纸样排料、缝制等过程，以虚拟服装为媒介，实现计算机与设计者、计算机与客户之间直观的沟通[3,4]。

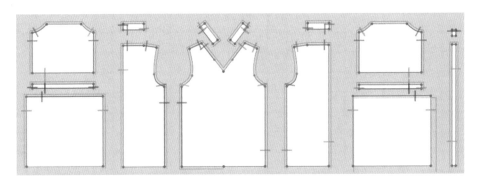

图1-1-1　CLO 3D 5.0 二维纸样缝合

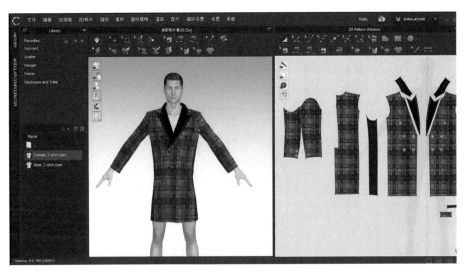

图1-1-2　CLO 3D服装二维平面纸样与三维立体展示

1.1.2　3D 服装计算机辅助设计的用途

第一，实现灵感设计与虚拟效果的转化。3D 服装计算机辅助设计工具可实现将二维平面纸样缝制成三维虚拟服装，直观反映出设计者的设计意图和展示服装三维整体效果，这极大地促进了人机交互。

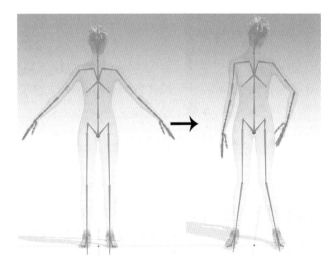

图1-1-3　根据不同关节点调整虚拟模特状态

第二，提供不同体态设计的多样性。通过改变虚拟人体模型的胸围、腰围、臀围、身高等体态参数，可获得高矮、胖瘦不同的体型，也可得到具有局部特征的体型，还可调整同一体态下的不同姿势（图1-1-3），关注不同体态给服装带来的变化，实现设计者的多样性设计。

第三，实现二维平面纸样与三维立体效果的联动编辑。设计者在 3D 服装计算机辅助设计软件中调整、修改二维平面纸样的数据，便可即时反馈到该软件的三维模拟界面，反之

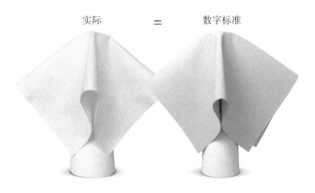

图1-1-4　面料的物理模拟效果
（https://www.clo3d.com/explore/whyclo）

同理。该联动编辑能实时查看服装造型状态、服装合身性等，实现即时修改设计，优化修改过程，从而提高设计效率。

第四，实现虚拟面料仿真。3D 服装计算机辅助设计工具可模拟面料的悬垂性（图1-1-4）、面料纹理、纬向强度、密度等，从而提高服装整体仿真性[5]。

1.1.3　3D 服装计算机辅助设计的影响

第一，降低服装开发成本。利用 3D 服装计算机辅助设计工具进行服装开发，仅需在电脑上进行服装效果图设计、服装纸样设计及修改、排板、放码、服装裁片缝合

及服装三维效果模拟等，减少了传统服装制作及样衣修改等流程，极大地提高了服装开发效率，降低了服装开发成本。据不完全统计，利用服装计算机辅助设计可减少服装设计15%~30%的成本，提升产品质量5~15倍[6]。

第二，促进服装智能化。使用3D服装计算机辅助设计能促使设计者在数字化、多媒体环境中进行服装产品开发，这种3D技术依赖着计算机的发展，伴随着近年来AR技术、VR技术和计算机软件、计算机硬件的蓬勃发展，智能化的服装设计将跟随计算机技术的快速发展而受到深远影响[6]。

第2节　3D服装设计软件介绍

目前市面上的3D服装设计软件较多，其在服装三维设计的专业程度、精准程度、个性化程度等方面具有一定差异。本节将介绍以下几款常见3D服装设计软件。

1.2.1　Tailornova

Tailornova是一款可在线进行3D服装设计的软件（图1-2-1）。它具有预览3D服装样品、绘制平面草图、下载素材、裁剪和缝纫等功能。虽只是一款在线软件，但也具备3D模特定制功能，可根据需求输入数值。该软件具备3D服装设计软件的基本功

图1-2-1　Tailornova操作页面
（https://tailornova.com/）

能，但不能精确数据，只能快速地建立 3D 服装大致效果。因此该软件不适用于后续服装的实际制作。

1.2.2 TUKA3D

TUKA3D 是时尚界中较先进，且使用方便的 3D 服装设计软件。该软件可精确模拟市面大多数面料的重量、弹性、颜色及其他属性。该软件在模拟织物褶皱、纹理、透明度等性能上较为逼真。TUKA3D 可连接人体扫描仪，大量的人体测量值可建立几乎与用户完全拟合的 3D 虚拟人体模型，具有较强的个性定制化能力。该软件配置有虚拟模型的动画功能，模特可被设置为跑步、跳舞、骑自行车、摆造型、走跑道或其他动态模式。设计者可直观地通过软件窗口观察服装在不同运动模式下的悬垂、挤压、飘逸等状态（图 1-2-2）。

图 1-2-2　TUKA3D 运动模式下的服装动态展示
（https://www.apparelviews.com/tukatech-
showcase-next-generation-3d-solutions/）

1.2.3 LookStailorX

LookStailorX 是日本制作的一款专业立体服装设计软件，其可快速编程设计图纸样且兼容较多服装 CAD 软件（图 1-2-3）。此软件由人体模块、服装模块和模式模块三个模块组成，人体模块为服装建模提供个体、模型载体；服装模块用于绘制三维服装模型，通过更改它的等高线可修改服装形状；模式模块则用于绘制线条设计研发2D 模式，通过它可简单地将立体形状转为平面纸样，并自由地在服装上设定设计线以制作纸样。

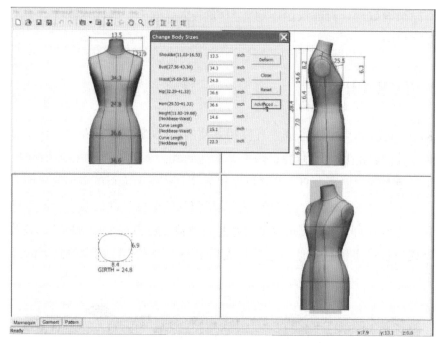

图1-2-3　LookStailorX操作页面
（http://www.bulkfromchina.com/zh/goods/item/detail/id/39551201958）

1.2.4　CLO 3D

CLO 3D是一款由韩国CLO公司开发的专业3D服装设计软件。该软件不仅可制作基本的3D服装款式，还可制作复杂的礼服及各种职业装等，其纽扣、褶皱、饰品等的物理属性也可在该软件中仿真呈现。该软件可进行实时的三维服装设计试穿及款式修改，其虚拟缝合技术能直接映射出传统的缝纫流程，是一款未脱离实际的三维服装设计软件。CLO 3D软件可与多数服装二维设计软件兼容，也可与部分服装三维设计软件兼容，保持其文件格式一致即可。本书将介绍该软件目前的较新版本——CLO 3D 5.0。该版本优化了部分功能，例如3D缝忍，在3D窗口可直接缝纫（图1-2-4）；表面随机颜色，开启表面随机色后不同板片上会应用不同的颜色以区分板片（图1-2-5）。该版本在三维服装的模拟仿真方面也较之前版本有较大提高。

1.2.5　VStitcher

VStitcher是一款模拟现实的主流3D设计软件，是业界领先的三维虚拟样衣制作软件，其专业性高、与主流2D服装板型文件完全兼容，但上手难度较大。该软件可直观查看板型的准确度，并提供实时修改，改善板师修改板型的传统复杂工序。

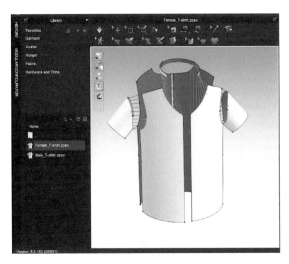

图 1-2-4　CLO 3D 5.0缝纫

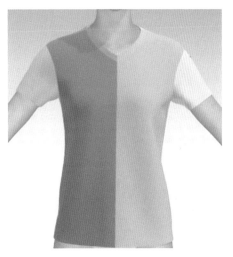

图 1-2-5　CLO 3D 5.0表面随机颜色效果

VStitcher模型参数极详细，拥有强大的模型数据库，可定制不同类型模特，如可根据提供的年龄、性别、身体尺寸、姿势、肤色和发型等参数设置模特。VStitcher可基于织物的物理特性生成极为仿真的虚拟悬垂行为（图1-2-6）。根据不同服装效果要求，渲染不同穿着方式。

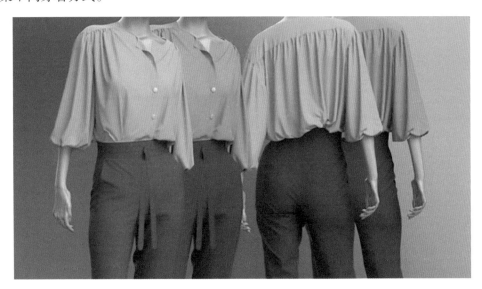

图 1-2-6　VStitcher穿着渲染效果
（https://www.grafis.com/3D.html）

思考题

1. 试分析CLO 3D与其他三维软件的区别。
2. 试归纳上述3D服装软件的各自优异性。

基础知识

第2章　CLO 3D软件系统简介

课题内容： CLO 3D 5.0系统界面介绍

CLO 3D 5.0系统功能介绍

课题时间： 4课时

教学目的： 通过软件界面及工具的介绍，了解工具的使用情况。

教学方式： 直观演示法。

教学要求： 1. 通过对本章的学习，使读者对软件整体有一定认识。

2. 通过对本章的学习，使读者能在一定程度上使用软件内工具。

第1节 CLO 3D 5.0系统界面介绍

　　CLO 3D 5.0系统界面如图2-1-1所示。其界面划分为上、左、中、右四个板块。顶部板块为菜单栏，左部板块为Library工具栏，中部板块为【3D虚拟化身】窗口和【2D板片】窗口，右部板块为【Object Browser】窗口以及设定板片或服装属性的【Property Editor】窗口。

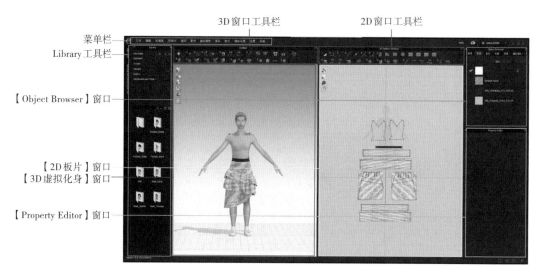

图2-1-1　CLO 3D 5.0系统界面

2.1.1　菜单栏

　　该区域为命令菜单栏，包括【文件】【编辑】【3D服装】【2D板片】【缝纫】【素材】【虚拟模特】【渲染】【显示】【偏好设置】【设置】和【手册】共12个菜单，鼠标放置或点击某个菜单会显示出其对应的下拉列表，其中包括该菜单所有相关详细命令。

2.1.2　Library工具栏

　　该窗口包括【Favorites】【Garment】【Avatar】【Hanger】【Fabric】和【Hardware and Trims】共6个窗口。【Garment】选项内含有男、女装基本款上衣。【Avatar】内含有7个模特，对应模特文件内有相应属性选择。【Hanger】内有衣架设置，可代替虚拟模特试衣。【Fabric】内有多种织物属性选择，鼠标悬停于织物图片即可显示对应织物纹理。【Hardware and Trims】内含有多种辅料选项，可对服装或虚拟模特进行外加装饰。

2.1.3 【Object Browser】窗口

该窗口包括【场景】【织物】【纽扣】【扣眼】【明线】【缝纫褶皱】和【放码】共7个窗口。单击【场景】窗口展现目录树状图，其显示内容为系统中所有已选属性。在【场景】窗口已选择对象基础上，【Property Editor】窗口中将会展示与所选对象相应的属性值。【织物】窗口展示默认及自定义设置织物，可增加或删除织物，单击织物选项，【Property Editor】窗口将展示织物的对应属性。【纽扣】【扣眼】【明线】【缝纫褶皱】和【放码】使用方式同【织物】窗口。

2.1.4 【3D虚拟化身】窗口

该窗口是以三维的形式来展示服装及虚拟模特。界面设有6个对象图标，用于显示及修改3D服装属性和模特属性。在此窗口空白位置单击鼠标右键会出现新的菜单栏，其中包含视觉切换功能及一些常用功能快捷键。

2.1.5 【2D板片】窗口

该窗口可自定义绘制服装板片、设置缝纫线等。界面设有4个对象图标，可设置2D板片属性。

2.1.6 【Property Editor】窗口

该窗口用于展示所选对象的基本属性，可更改面料属性数值，以呈现使用者想要的服装效果。

2.1.7　3D窗口工具栏

此窗口工具栏包括【模拟工具栏】【服装品质工具栏】【选择工具栏】【假缝工具栏】【安排工具栏】【缝纫工具栏】【动作工具栏】【尺寸工具栏】【纹理/图形工具栏】【熨烫工具栏】【纽扣工具栏】【拉链工具栏】【嵌条工具栏】【贴边工具栏】【3D画笔（服装）工具栏】【3D画笔（虚拟模特）工具栏】【虚拟模特胶带工具栏】【服装测量工具栏】共18个工具栏，主要是在【3D虚拟化身】窗口进行应用。

2.1.8　2D窗口工具栏

此工具栏包括【板片工具栏】【褶皱工具栏】【UV工具栏】【层次工具栏】【板片标注工具栏】【缝纫工具栏】【缝合胶带工具栏】【归拔工具栏】【明线工具栏】【缝纫褶皱工具栏】【纹理/图形工具栏】【放码工具栏】共12个工具栏，主要用于增加板片效果和编辑板片。

第2节　CLO 3D 5.0系统功能介绍

2.2.1　2D功能汇总（表2-2-1）

表2-2-1　2D功能汇总

序号	图标	名称	序号	图标	名称
1		调整板片	13		内部长方形
2		编辑板片（Z）	14		内部圆形（R）
3		编辑圆弧（C）	15		省
4		编辑曲线点（V）	16		勾勒轮廓（I）
5		加点/分线（X）	17		缝份
6		剪口	18		翻折褶裥
7		生成圆顺曲线	19		缝制皱褶
8		延展	20		设定层次
9		多边形（H）	21		编辑注释
10		长方形（S）	22		板片标注
11		圆形（E）	23		板片标志
12		内部多边形/线（G）	24		放码

续表

序号	图标	名称	序号	图标	名称
25		编辑缝纫线（B）	43		显示2D板片
26		线缝纫（N）	43.1		显示基础线
27		自由缝纫（M）	43.2		显示缝份
28		检查缝纫线长度	43.3		显示放码
29		归拔	43.4		显示3D画笔
30		粘衬条	43.5		显示参照线
31		编辑纹理（2D）（T）	43.6		显示对称/连动标示线
32		调整贴图	44		显示2D信息
33		贴图（2D板片）	44.1		显示板片名
34		编辑明线（J）	44.2		显示注释
35		线段明线（K）	44.3		显示线的长度（Shift+Z）
36		自由明线（L）	44.4		显示纱线方向
37		缝纫线明线（；）	44.5		显示2D尺寸
38		编辑缝纫褶皱	44.6		显示尺寸
39		线段缝纫褶皱	44.7		显示指引线
40		缝合线缝纫褶皱	44.8		显示UV标示线
41		编辑UV	45		纹理表面（Shift+T）
42		显示2D缝纫线	45.1		黑白表面
42.1		显示缝纫线	45.2		表面半透明
42.2		显示明线	45.3		表面全透明
42.3		显示缝纫褶皱	45.4		网格

2.2.2 3D功能汇总（表2-2-2）

表2-2-2 3D功能汇总

序号	图标	名称	序号	图标	名称
1		模拟（Space）	21		编辑尺寸
2		选择/移动（Q）	22		基本圆周测量
3		选择网格（箱体）	23		基本长度测量
4		固定针（箱体）	24		打开动作
5		折叠安排	25		3D画笔（服装）
6		编辑缝纫线	26		编辑3D画笔（服装）
7		线缝纫	27		3D画笔（虚拟模特）
8		自由缝纫	28		编辑3D画笔（虚拟模特）
9		编辑假缝	29		展平为板片
10		假缝	30		编辑纹理（3D）
11		固定到虚拟模特上	31		调整贴图
12		重置2D安排位置（全部）	32		贴图（3D板片）
13		重置3D安排位置（全部）	33		选择/移动纽扣
14		提高服装品质	34		纽扣
15		降低服装品质	35		扣眼
16		用户自定义分辨率	36		系纽扣
17		编辑虚拟模特胶带	37		拉链
18		虚拟模特圆周胶带	38		嵌条
19		线段虚拟模特胶带	39		编辑嵌条
20		贴覆到虚拟模特胶带	40		选择贴边

序号	图标	名称	序号	图标	名称
41		贴边	48.1		显示虚拟模特（Shift+A）
42		熨烫	48.2		显示安排点（Shift+F）
43		编辑服装测量	48.3		显示安排板
44		服装直线测量	48.4		显示X-Ray结合处（Shift+X）
45		服装的圆周测量	48.5		显示虚拟模特尺寸
46		显示3D服装	48.6		显示虚拟模特胶带
46.1		显示服装（Shift+C）	48.7		显示3D画笔（虚拟模特）
46.2		显示缝纫线（Shift+S）	49		浓密纹理表面（Alt+1）
46.3		显示内部线	49.1		纹理表面（Alt+2）
46.4		显示基础线	49.2		黑白表面（Alt+3）
46.5		显示3D画笔（服装）	49.3		表面半透明（Alt+4）
46.6		显示缝纫线	49.4		网格（Alt+5）
46.7		显示针	49.5		表面随机颜色
46.8		显示服装尺寸	50		服装试穿图
46.9		显示造型线（Alt+O）	50.1		压力图（Alt+6）
47		显示3D附件	50.2		应力图（Alt+7）
47.1		显示纽扣	50.3		试穿图（Alt+8）
47.2		显示嵌条	50.4		显示压力点
47.3		显示粘衬/消薄	51		纹理表面
47.4		显示缝纫褶皱	51.1		黑白表面
48		显示虚拟模特	51.2		网格表面

2.2.3　2D功能介绍

1. 调整板片

点击【调整板片】工具，选择需调整的板片，被选中的板片呈黄色状态，若需选择多个板片，按住【Shift】键同时点击或框选所需选择板片（图2-2-1）。

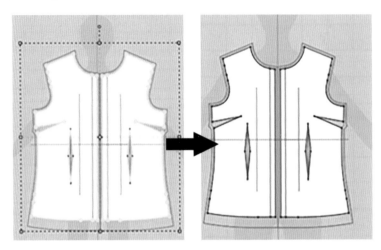

图2-2-1　调整板片举例

2. 编辑板片（Z）

点击【编辑板片（Z）】工具，选择板片或内部图形上的点或线。多条线段或点重叠时，弹出菜单，可选择需要的点或线。在点击点或线的同时按住【Shift】键，所有点击的点或线将被同时选中。鼠标放在板片上，光标将变成十字形，单击板片或双击板片上的点或线可选择整个板片，拖动鼠标进行移动（图2-2-2）。

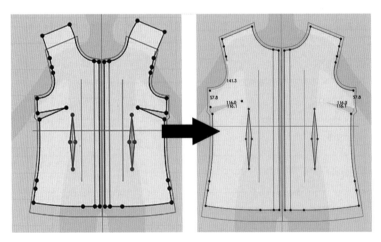

图2-2-2　编辑板片举例

3. 编辑圆弧（C）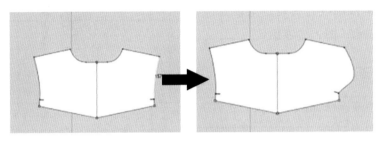

点击【编辑圆弧（C）】工具，在板片上单击选定线条，拖动鼠标拖曳出弧形。选择曲线并拖动，可变换曲率（图2-2-3）。

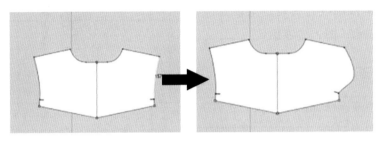

图2-2-3　编辑圆弧举例

4. 编辑曲线点（V）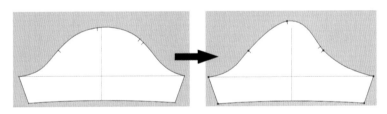

点击【编辑曲线点（V）】工具，选择曲线点，按住【Delete】键或在点处单击右键，在弹出菜单中选择【点删除】，可删除曲线点。利用【编辑曲线点（V）】工具，选择曲线点，拖动可修正曲线或追加点变换曲率（图2-2-4）。

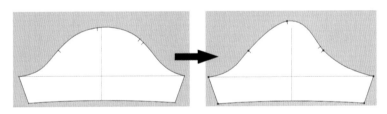

图2-2-4　编辑曲线点举例

5. 加点/分线（X）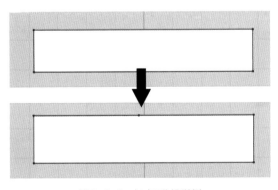

点击【加点/分线（X）】工具，在线段上单击鼠标左键，可追加点。在线段上点击右键，在弹出的窗口中可设置分线的段数和长度（图2-2-5）。

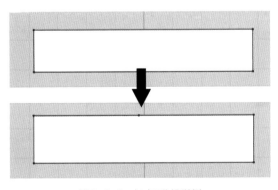

图2-2-5　加点/分线举例

6. 剪口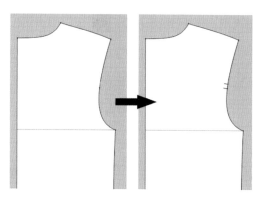

点击【剪口】工具，在需要添加剪口的板片外线上悬停鼠标，出现红色点，在所需位置点击鼠标或右键设置剪口属性，剪口以高亮表示（图2-2-6）。

7. 生成圆顺曲线

点击【生成圆顺曲线】工具，选择并拖动角可使角变圆顺，或拖动一条圆顺曲线进行编辑。单击右键，出现圆角窗口，输入需要的线段长或弯曲率，选中的角变圆顺及选中的圆顺曲线被编辑。

图2-2-6　剪口举例

8. 延展

点击【延展】工具，在板片上画出基准线，再按住鼠标左键不动，选择旋转方向，旋转完松开左键（图2-2-7）。

9. 多边形（H）

点击【多边形（H）】工具，按住鼠标左键可直接拖动出弧线，或单击鼠标左键，连接直线段画出闭合图形（图2-2-8）。

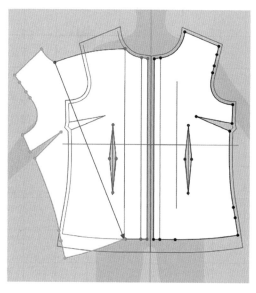

图2-2-7　延展举例

10. 长方形（S）

点击【长方形（S）】工具，按住鼠标左键可直接拖动出长方形，或单击鼠标左键，在弹窗中输入数值制作长方形（图2-2-9）。

11. 圆形（E）

点击【圆形（E）】工具，按住鼠标左键可直接拖动出圆形或椭圆形，或单击鼠标左键，在弹窗中输入数值制作圆形。

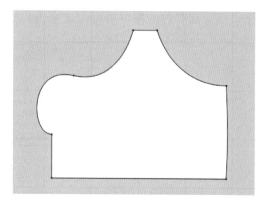

图2-2-8　多边形绘制举例

图2-2-9　长方形绘制举例

12. 内部多边形/线（G）

点击【内部多边形/线（G）】工具，在板片的内部绘制线段或闭合图形，绘制时单击右键可设定线段数值，按住【Ctrl】键单击鼠标画出多边形线（图2-2-10）。

13. 内部长方形

点击【内部长方形】工具，在板片内拖动鼠标画出长方形，或点击板片，在弹窗中输入数值制作内部长方形。

14. 内部圆形（R）

点击【内部圆形（R）】工具，在板片内拖动鼠标画出圆形，或点击板片，在弹窗内输入数值制作内部圆形。

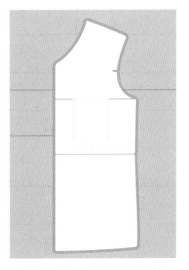

图2-2-10　内部多边形/线举例

15. 省

点击【省】工具，在板片内部单击左键后拖拉鼠标，松开左键完成绘制，或在板片内点击鼠标，在弹窗中输入数值完成绘制（图2-2-11）。

16. 勾勒轮廓（I）

点击【勾勒轮廓（I）】工具，在【2D板片】窗口内选择板片轮廓，点击右键，可勾勒为板片、内部图形或内部线（图2-2-12）。

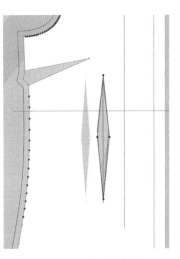

图2-2-11　省绘制举例

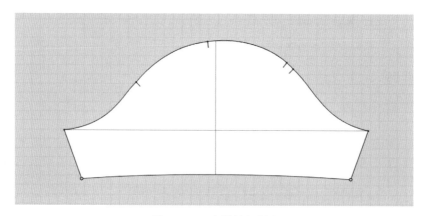

图2-2-12　勾勒轮廓举例

17. 缝份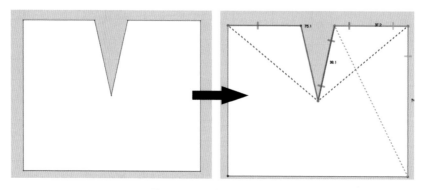

点击【缝份】工具，在选中的线段上单击左键，在弹出的工具栏中进行设置，按住【Shift】键可同时选择多条线进行缝份。

18. 翻折褶裥

点击【翻折褶裥】工具，在板片上创建褶皱的起始点，沿翻折方向移动鼠标，设置褶的褶皱方向，箭头将跟随光标表示褶皱将被折叠的方向，确保箭头穿过板片，双击完成设置方向。

19. 缝制皱褶

点击【缝制皱褶】工具，在需要缝合褶裥的板片上点击起始点并沿缝纫线方向移动鼠标，在结束位置双击以完成第一条缝纫线，在褶裥板片上，点击起始点并沿结束方向移动鼠标，缝纫线按照每3条线段（一个褶裥所需要的线段数量）的距离自动缝合，点击结束点完成（图2-2-13）。

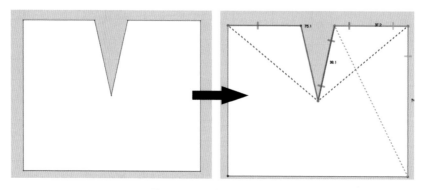

图2-2-13　缝制皱褶举例

20. 设定层次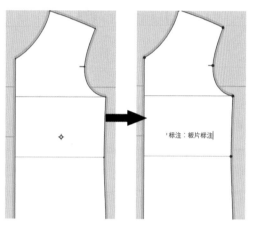

点击【设定层次】工具，设定两个板片之间的前后顺序关系，点击设为外部的板片，再点击另一个设为内部的板片，设定层次的两个板片之间出现黑色箭头，若改变板片之间的顺序关系，可点击黑色箭头上的"+"符号。

21. 编辑注释

点击【编辑注释】工具，单击并拖动2D板片标注将其移动到所需位置。点击右键，弹出菜单可删除2D标注。

22. 板片标注

点击【板片标注】工具，鼠标对准需增加板片标注的板片，单击创建板片标注。鼠标左键点击后，输入标注，在板片上单击或按【Ctrl+Enter】完成输入。创建的板片标注显示为蓝色（图2-2-14）。

图2-2-14　板片标注举例

23. 板片标志

点击【板片标志】工具，创建单独的板片标志 ，点击需添加板片标志的板片外线或内部线即可。在选择线段时按住【Shift】键可创建多个板片标志，板片标志呈蓝色双弧线。

24. 放码

点击【放码】工具，在需要放码板片的线或者点创建尺码组，出现属性编辑器后使用键盘的方向键进行编辑。选中板片且选中该尺码组后，对应的板片外线呈现高亮粉色。

25. 编辑缝纫线（B）

点击【编辑缝纫线（B）】工具，单击鼠标左键，选中需要编辑的缝纫线进行操作。修改缝合线时，单击需调整缝边线的端点，按住鼠标左键，移动到调整位置后松开鼠标。

26. 线缝纫（N）

点击【线缝纫（N）】工具，点击板片上两点间的线段创建缝纫线关系。鼠标悬停在其他线上，可预览与之前选中的线组成的缝纫线长度及方向。移动鼠标并停留在线段时，出现缝合完成效果，使其与之前的线相匹配。使用该工具时注意缝纫线间的方向，缝纫线段出现与类似于剪口线段的一端为起始点端（图2-2-15）。

27. 自由缝纫（M）

点击【自由缝纫（M）】工具，点击板片线段上任意两点确定第一条缝纫线，同理创建第二条线后即自动将两条线缝合。确定第一条缝纫线后，在第二条线上移动鼠标时，出现的蓝色指引点即为与第一条线长度相同点的位置。鼠标靠近蓝色指引点时，可自动吸附到点上，鼠标左键单击即可（图2-2-16）。

28. 检查缝纫线长度

点击【检查缝纫线长度】工具，单击后弹出窗口可对缝纫线长度进行检查。缝合差超过5mm以上的缝纫线长度，将以红色粗线形式显示出来。

29. 归拔

点击【归拔】工具，在弹出窗口中根据需要调节数值，按住鼠标左键，在需要归拔的衣片部位进行涂抹，选择的区域以浅蓝色或橙色呈现。

30. 粘衬条

点击【粘衬条】工具，鼠标对准需要粘衬条的板片部位后单击鼠标左键。同理，找到另一片需要粘衬条的位置。选中完成部位呈橙色高亮显示（图2-2-17）。

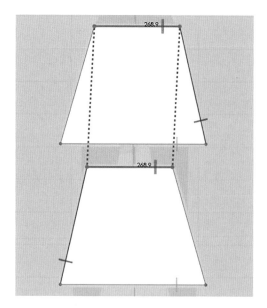

图2-2-15　线缝纫举例

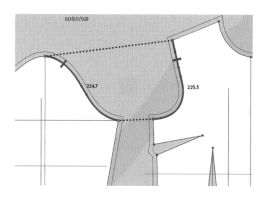

图2-2-16　自由缝纫举例

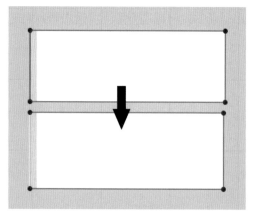

图2-2-17　粘衬条举例

31. 编辑纹理（2D）（T）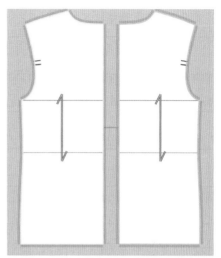

点击【编辑纹理（2D）（T）】工具，选择需要编辑的板片，再旋转到纹理需要的方向，完成纹理编辑（图2-2-18）。

32. 调整贴图

点击【调整贴图】工具，选中需要调整的贴图，进行旋转、移动、缩放贴图等操作。

33. 贴图（2D板片）

点击【贴图（2D板片）】工具，出现文件弹窗，选择添加图片文件，鼠标变为贴图文件图标，点击需要贴图的位置，出现【增加贴图】窗口，调整数值并点击确认（图2-2-19）。

34. 编辑明线（J）

点击【编辑明线（J）】工具，鼠标左键点击并拖动明线两端任意一点更改长度。右键点击明线可选择删除。

35. 线段明线（K）

点击【线段明线（K）】工具，点击需设置明线的线段，明线将在选择的线段上生成并以高亮显示。

36. 自由明线（L）

点击【自由明线（L）】工具，点击生成明线的起始点，沿着需要生成明线的方向移动鼠标，鼠标点击结束，被选定的区域显示为红色（图2-2-20）。

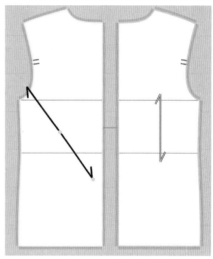

图2-2-18　编辑纹理举例

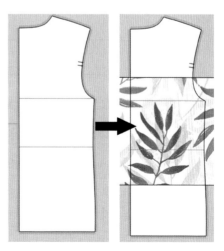

图2-2-19　2D板片贴图举例

37. 纫线明线（；）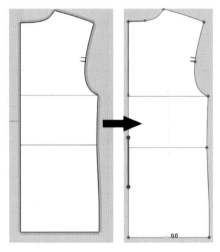

点击【缝纫线明线（；）】工具，点击生成明线的起始点，沿需要生成明线的方向移动鼠标，点击明线结束位置，完成明线缝纫。

38. 编辑缝纫褶皱

点击【编辑缝纫褶皱】工具，在缝纫褶皱上单击并拖动改变位置。点击缝纫褶皱两端点中的一点，拖动调整至需要的位置，选中的缝纫褶皱将被调整。选中的缝纫褶皱将被加粗表示（图2-2-21）。

图2-2-20 绘制自由明线举例

39. 线段缝纫褶皱

点击【线段缝纫褶皱】工具，点击所需线段缝纫褶皱，对应线段缝纫褶皱生成。可在【3D虚拟化身】窗口中查看生成的缝纫褶皱（图2-2-22）。

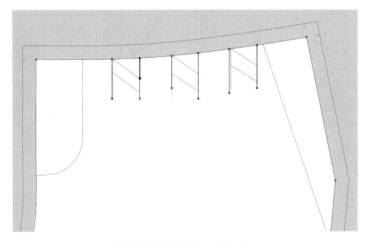

图2-2-21 编辑缝纫褶皱举例

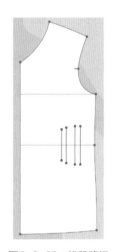

图2-2-22 线段缝纫褶皱举例

40. 缝合线缝纫褶皱

点击【缝合线缝纫褶皱】工具，鼠标对准需要添加缝合线缝纫褶皱的缝纫线，鼠标左键单击，缝合线缝纫褶皱完成，缝纫线的色彩将加深，且线段上有标记。可在【Property Editor】中进行修改。

41. 编辑 UV

点击【编辑 UV】工具，确认板片渲染或贴图安全，拖拽 UV 线框四角的缩放按钮进行编辑，更改板片放置位置。

42. 显示 2D 缝纫线

点击【显示 2D 缝纫线】工具，显示或隐藏板片的 2D 缝纫线（图 2-2-23）。

（1）显示缝纫线：点击【显示缝纫线】工具，显示或隐藏 2D 板片中的缝纫线。

（2）显示明线：点击【显示明线】工具，显示或隐藏在 2D 板片中绘制的明线。

（3）显示缝纫褶皱：点击【显示缝纫褶皱】工具，显示或隐藏在 2D 板片中绘制的缝纫褶皱。

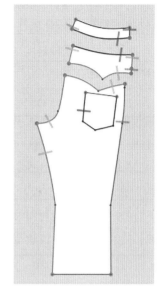

图 2-2-23　显示 2D 缝纫线举例

43. 显示 2D 板片

点击【显示 2D 板片】工具，显示或隐藏绘制的 2D 板片。

（1）显示基础线：点击【显示基础线】工具，显示或隐藏在 2D 板片中的基础线。

（2）显示缝份：点击【显示缝份】工具，显示或隐藏 2D 板片中绘制的缝份（图 2-2-24）。

（3）显示放码：点击【显示放码】工具，显示或隐藏 2D 板片的放码。

（4）显示 3D 画笔：点击【显示 3D 画笔】工具，显示或隐藏【3D 虚拟化身】窗口中绘制的 3D 画笔线或多边图形。

（5）显示参照线：点击【显示参照线】工具，显示绘制板片的参照线。

（6）显示对称/联动标示线：点击【显示对称/联动标示线】工具，2D 板片出现对称/联动的标示线，并以蓝色显示。

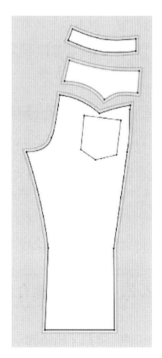

图 2-2-24　显示缝份举例

44. 显示2D信息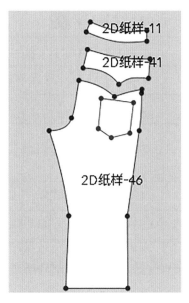

点击【显示2D信息】工具，显示2D板片信息。

（1）显示板片名 N：点击【显示板片名】工具，显示或隐藏每个2D板片的名称（图2-2-25）。

（2）显示注释 A：点击【显示注释】工具，显示2D板片上的注释。

（3）显示线的长度（Shift+Z）：点击【显示线的长度（Shift+Z）】工具，显示在【2D板片】窗口中2D板片每条线的长度。

（4）显示纱线方向：点击【显示纱线方向】工具，显示或隐藏2D板片的纱线方向。

（5）显示2D尺寸：点击【显示2D尺寸】工具，【2D板片】窗口将显示2D尺寸。

图2-2-25 显示板片名举例

（6）显示尺寸：点击【显示尺寸】工具，【2D板片】窗口出现标尺显示，方便精确绘图。

（7）显示指引线：点击【显示指引线】工具，拖动左上角可设置标尺的零刻度位置，双击左上角可将零刻度还原到初始位置，拖动标尺可创建指引线。

（8）显示UV标示线：点击【显示UV标示线】工具，在【2D板片】窗口中显示绘制的UV标示线。

45. 纹理表面（Shift+T）

点击【纹理表面（Shift+T）】工具，使纹理表面展现2D板片设置的织物纹理。

（1）黑白表面：点击【黑白表面】工具，使2D板片呈现黑白色状态。

（2）表面半透明：点击【表面半透明】工具，使2D板片呈现半透明状态。

（3）表面全透明：点击【表面全透明】工具，使2D板片呈现除线外全透明状态。

（4）网格：点击【网格】工具，使2D板片呈现网格结构状态。

2.2.4　3D功能介绍

1. 模拟（Space）

点击【模拟（Space）】进行虚拟化身穿着服装的模拟操作，在激活模拟时，板片将坠落到虚拟模特上。若板片之间有缝纫线，板片将在坠落的同时进行缝纫。在【2D板片】窗口进行移动和选择板片，【3D虚拟化身】窗口将实时进行更新，点和线段将根据【2D板片】窗口的更改实时同步进行更改（图2-2-26）。

2. 选择/移动（Q）

点击【选择/移动（Q）】工具，在【3D虚拟化身】窗口中对板片进行选中或移动操作（图2-2-27）。

3. 选择网格（箱体）

点击【选择网格（箱体）】工具，所有窗口板片将变为绿色网格结构。在板片上长按并拖动鼠标框选所需区

图2-2-26　模拟举例

域，同时按住【Shift】和【Ctrl】键以选择3D服装上的多个区域（图2-2-28）。

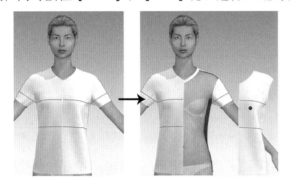

图2-2-27　选择/移动举例

图2-2-28　选择网格（箱体）举例

4. 固定针（箱体）

点击【固定针（箱体）】工具，所有窗口板片将显示红色网格结构。在板片上点击并拖动鼠标以使用选框添加固定针。按【Ctrl+Shift】键可以同时在多个区域内添加固定针。激活【模拟】，点击并拖动3D服装上的固定针，服装将跟着鼠标的移动而移动。反激活【模拟】，点击固定针上的定位球以移动固定针，再次点击【模拟】时应用更改。删除某一区域内的固定针时，按【Ctrl】键，点击并拖动鼠标以框选所需要删除固定针的区域，在该区域内的固定针将会被删除，或在该区域单击右键选择删除（图2-2-29）。

5. 折叠安排

点击【折叠安排】工具，再点击需要折叠的内部线/图形，将出现折叠安排定位球。按照需要沿蓝色圈旋转红色轴或绿色轴，选中的板片将进行折叠安排。使用该工具后，选中的内部线或缝纫线的折叠角度将会自动进行更改，并同步到【Property Editor】（图2-2-30）。

图2-2-29　固定针（箱体）举例

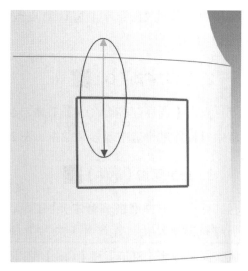

图2-2-30　折叠安排举例

6. 编辑缝纫线

点击【编辑缝纫线】工具，右键单击缝纫线，出现删除、合并、调换等缝纫线设置。

7. 线缝纫

点击【线缝纫】工具，所有可缝纫的线呈现加粗状态，单击板片上线段创建缝纫关系，可在【3D虚拟化身】窗口进行缝纫。

8. 自由缝纫

点击【自由缝纫】工具，可进行任意板片上线段的缝纫，创建缝纫关系。

9. 编辑假缝

点击【编辑假缝】工具，【3D虚拟化身】窗口服装将变为半透明状态，点击并拖动假缝针的点进行移动，松开鼠标时完成调整。在【2D板片】窗口中，若固定到虚拟模特上，只能调整位于板片上的假缝针。选择的假缝针属性将出现在【Property Editor】中，也可调整连接假缝针的线长度（图2-2-31）。

10. 假缝

点击【假缝】工具，点击【3D虚拟化身】窗

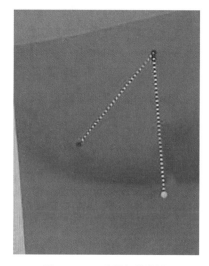

图2-2-31　编辑假缝举例

口并将鼠标悬停于此窗口的虚拟模特上，可以
看到紫色的点。在对应所需假缝的位置上单击
鼠标创建第一个点，另一紫色点随鼠标移动而
移动。假缝将以黄色高亮表示创建完成。模拟
时服装上这两点将互相靠近（图2-2-32）。

11. 固定到虚拟模特上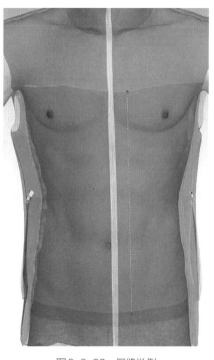

　　点击【固定到虚拟模特上】工具，使用固
定针将3D服装上某部分固定到虚拟模特上。在
3D服装上点击需固定到虚拟模特上的点，会出
现一条跟着鼠标移动的虚线，且选中的服装变
为半透明状态，2D板片上同时呈现固定点，点
击虚拟模特，服装变回不透明状态。点击【模
拟】键，服装模拟的同时，两点靠近，服装将
固定在虚拟模特上（图2-2-33）。

图2-2-32　假缝举例

12. 重置2D安排位置（全部）

　　选择所需重置其安排位置的板片（按
【Shift】键选择多个板片），右键选择【重置2D
安排位置（全部）】，选择的板片将重置到模拟
前的安排位置。直接点击【重置2D安排位置
（全部）】，所有板片将重置到模拟前的安排位置
（图2-2-34）。

图2-2-33　固定到虚拟模特上举例

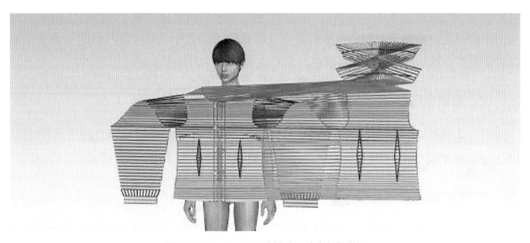

图2-2-34　重置2D安排位置（全部）举例

13. 重置3D安排位置（全部）

点击【重置3D安排位置（全部）】工具，选择所需重置其安排位置的板片（按【Shift】键可选择多个板片），右键选择【重置3D安排位置（全部）】，选择的板片将重置到模拟前的安排位置。直接点击【重置3D安排位置（全部）】工具，所有板片将重置到模拟前的安排位置（图2-2-35）。

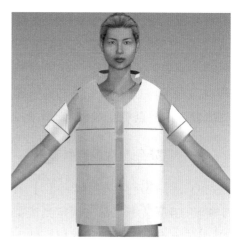

图2-2-35　重置3D安排位置（全部）举例

14. 提高服装品质

点击【提高服装品质】工具，使用该工具可以降低粒子间距（服装粒子间距越小，服装更加平整、贴近真实服装面料，可提高服装面料质感）、冲突厚度表面间距及模拟品质。将模拟品质更改为精密（Nonlinear），则可精确计算模拟面料属性，单击确认完成操作。注意：一旦所有设定被应用后，模拟速度将变缓慢，因此不建议在服装绘制过程中微调服装，建议在最后使用该功能。

15. 降低服装品质

点击【降低服装品质】工具，可修复在模拟过程中板片过多或贴图文件过大等占用内存较多导致模拟速度缓慢或软件卡死等问题。进入3D工具栏并选【降低服装品质】工具，将出现调节关于服装、虚拟模特及模拟属性值的窗口。

16. 用户自定义分辨率

点击【用户自定义分辨率】工具，用户自定义分辨率窗口在3D窗口的右上角弹出，在弹窗的右上角点击自定义品质，当前的服装分辨率相关设置（板片间的粒子间距、板片的冲突厚度、模特表面间距及模拟品质）将保存于列表中。若对修改后的分辨率相关设置不满意，需选择回原设置分辨率时，双击列表保存的分辨率即可。

17. 编辑虚拟模特胶带

点击【编辑虚拟模特胶带】工具，将鼠标悬停于需选择的虚拟模特胶带并单击右键，并在弹出菜单中选择删除，或选中虚拟模特胶带后按【Delete】键。

18. 虚拟模特圆周胶带

点击【虚拟模特圆周胶带】工具，在【3D虚拟化身】窗口检查服装的合体性，虚拟模特圆周显示基础线。依次点击创建虚拟模特圆周胶带起始点、方向点和结束点：在虚拟模特上单击左键以创建测量起始点；移动鼠标再次单击以设定虚拟模特胶带方向；第三次单击以完成虚拟模特圆周胶带。在创建第一个点之后，按【Shift】键可使鼠标直线移动（图2-2-36）。

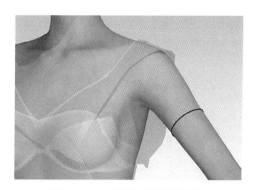

图2-2-36　虚拟模特圆周胶带举例

19. 线段虚拟模特胶带 🕴

点击【线段虚拟模特胶带】工具，提高【3D虚拟化身】窗口服装合体性，点击创建虚拟模特胶带的第一个点，点击的部分以蓝点建立。鼠标沿着需要创建虚拟模特胶带的方向移动，并在合适的位置单击鼠标以创建第二个蓝点，在胶带完成位置双击鼠标左键，虚拟模特胶带将被创建并以黄色高亮显示（图2-2-37）。

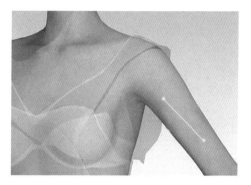

图2-2-37　线段虚拟模特胶带举例

20. 贴覆到虚拟模特胶带 🕴

点击【贴覆到虚拟模特胶带】工具，在【3D虚拟化身】窗口中，点击需要贴覆到虚拟模特胶带的板片外线或内部线，选中线段的板片将变为透明，虚拟模特上的胶带变为红色高亮。激活【模拟】后，选中的板片外线或内部线将贴覆到虚拟模特胶带。在【3D虚拟化身】窗口中，点击已【贴覆到虚拟模特胶带】上的板片外线或内部线，按下【Delete】键，红色高亮的虚拟模特胶带将从红色变回黑色。激活【模拟】后，板片将从虚拟模特上分离（图2-2-38）。

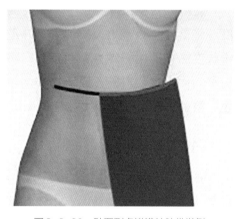

图2-2-38　贴覆到虚拟模特胶带举例

21. 编辑尺寸 🖍

点击【编辑尺寸】工具，可查看测量信息、基本长度、表面长度，编辑测量属性或打开、删除、保存测量、更改选中测量的名称。点击模特上的测量部位，选中的测量将以黄色高亮表示。测量类型可选择基本或表面，基本测量是以虚拟模特凸出部分作为标准的测量，而表面测量则是贴合人体曲线进行的测量。

22．基本圆周测量

点击【基本圆周测量】工具，测量虚拟模特的圆周长度。左键点击三次虚拟模特，测量虚拟模特圆周长度。单击左键以创建测量第一个起始点，然后移动鼠标并再次点击鼠标以设定测量方向的第二个点。在第一个点与第二个点连接的紫色线上悬停鼠标，移动鼠标来选择圆周的角度。当达到所需圆周测量效果时，再次点击鼠标左键完成基本圆周测量。在创建第一个点之后，按【Shift】键可将第二个点、第三个点与第一个点创建在一条直线上（图2-2-39）。

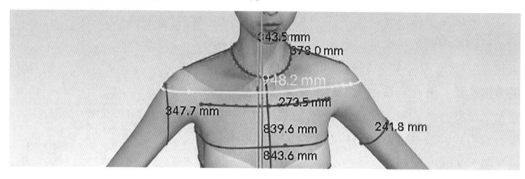

图2-2-39　基本圆周测量举例

23．基本长度测量

点击【基本长度测量】工具，测量虚拟模特的长度。将鼠标悬停于虚拟模特上，并单击左键以创建基本长度测量的起始点。移动鼠标，将有紫色线条随鼠标移动而出现，双击左键以完成测量，测量线变为黄色，测量数值显示于测量线附近（图2-2-40）。

24．打开动作

点击【打开动作】工具，导入一姿势文件，【打开动作】工具将自动激活。点击【打开动作】工具可暂停动作，再次点击，动作继续。

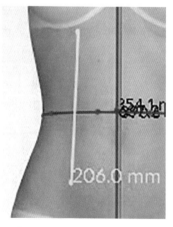

图2-2-40　基本长度测量举例

25．3D画笔（服装）

点击【3D画笔（服装）】工具，绘制【3D虚拟化身】窗口服装上的线段。单击鼠标左键创建线段起始点位置，移动鼠标时将有一个点随鼠标移动，再次单击鼠标左键，创建线段，继续点击左键创建合适形状。创建过程中按【Ctrl】键不放，可创建曲线。鼠标左键双击任意点（起始点除外）或再次点击线段起始点，分别可创建线段和图形（图2-2-41）。

26. 编辑3D画笔（服装）

点击【编辑3D画笔（服装）】工具，编辑在3D服装上创建的线，点击并拖动到合适位置，到达目标位置后松开鼠标（图2-2-42）。

27. 3D画笔（虚拟模特）

点击【3D画笔（虚拟模特）】工具，在虚拟模特表面画出图形或线段并将其变为板片。在模特上点击并移动鼠标，有小黑点随鼠标移动，在合适位置点击鼠标左键创建图形，虚拟模特表面出现黑色点及线段，最后点击起始点可完成图形创建，图形呈黄色高亮（图2-2-43）。

28. 编辑3D画笔（虚拟模特）

点击【编辑3D画笔（虚拟模特）】工具，在【3D虚拟化身】窗口中服装呈透明状态，能清晰看到服装和身体的比例、大小、结构等是否合体，还可清晰看到线段的移动和改变，并以此为参照在【2D板片】窗口中适当改变样片大小（图2-2-44）。

29. 展平为板片

点击【展平为板片】工具，选择虚拟模特上需要展平为板片的图形。将鼠标悬停于所需展平为板片的图形上，图形将以浅蓝色高亮表示。点击需展平的板片，按【Enter】键，选择的板片将被提取，同时在2D及3D窗口中生成板片。按【Ctrl+A】键可提取全部板片。再次点击选中板片时可取消选择板片（图2-2-45）。

图2-2-41　3D画笔（服装）举例

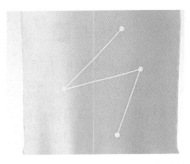

图2-2-42　编辑【3D画笔（服装）】举例

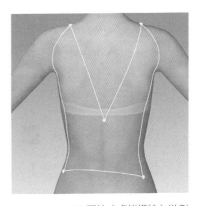

图2-2-43　3D画笔（虚拟模特）举例

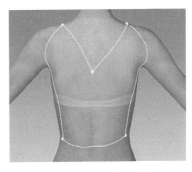

图2-2-44　编辑3D画笔（虚拟模特）举例

30. 编辑纹理（3D）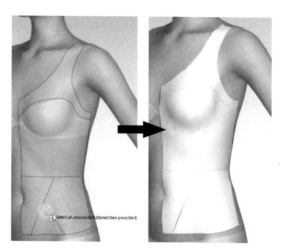

点击【编辑纹理（3D）】工具，可编辑每个板片的纹理丝缕线及位置，或缩放、旋转每种织物纹理，可在织物窗口中选择织物类型并在【Property Editor】中编辑其属性。点击该工具，选择板片后将出现箭头标识，按住可自由更改面料纹理方向和大小。

图2-2-45 展平为板片举例

31. 调整贴图

点击【调整贴图】工具，可缩放、旋转或移动贴图，在【3D虚拟化身】窗口中选择需要编辑的贴图，点击拖动贴图或缩放贴图，达到所需大小时松开鼠标（图2-2-46）。

32. 贴图（3D板片）

点击【贴图（3D板片）】工具，选择需添加的贴图文件后，鼠标光标将变为贴图文件图标。点击需添加贴图位置，将出现添加贴图窗口。输入宽度、高度后点击确认（图2-2-47）。

图2-2-46 调整贴图举例

33. 选择/移动纽扣

点击【选择/移动纽扣】工具，可拖动纽扣、扣眼。

34. 纽扣

点击【纽扣】工具，在【2D板片】窗口中通过十字光标确定纽扣的位置，点击左键，2D及3D窗口将出现纽扣。纽扣属性可在【Object Browser】窗口与【Property Editor】中选择调整（图2-2-48）。

35. 扣眼

点击【扣眼】工具，在【2D板片】窗口中通过十字光标确定扣眼的位置，点击左键，2D及3D

图2-2-47 贴图（3D板片）举例

窗口将出现扣眼。扣眼属性可在【Object Browser】窗口与【Property Editor】中选择调整。

36. 系纽扣

点击【系纽扣】工具，再点击【2D板片】窗口的样板片中纽扣的中心，出现箭头，拖向扣眼位置即完成，点击【模拟】，在3D窗口中纽扣自动系上。

图2-2-48　纽扣举例

37. 拉链

点击【拉链】工具，在【3D虚拟化身】窗口中分别点击拉链的两侧，点击一侧后进行双击结束，然后同理再绘制另一侧，最后点击【模拟】工具将拉链闭合。拉链齿、拉链头可在【Object Browser】窗口与【Property Editor】中选择调整（图2-2-49）。

图2-2-49　拉链举例

38. 编辑嵌条

点击【编辑嵌条】工具，点击3D服装上的嵌条，选中的嵌条将以黄色高亮表示，点击并拖动嵌条任意一端，根据其移动方向，嵌条将延伸或缩短。嵌条属性可在【Property Editor】中调节（图2-2-50）。

39. 嵌条

点击【嵌条】工具，在虚线上点击并拖动鼠标以创建嵌条，加嵌条的板片外线及内部线将变为虚线，双击以完成嵌条（图2-2-51）。

图2-2-50　编辑嵌条举例

40. 选择贴边

点击【选择贴边】工具，可选择或删除贴边。

41. 贴边

点击【贴边】工具，沿板片外线创建贴边。鼠标左键点击起始点，结束位置时双击左键，添加贴边的板片及内部线将显示虚线。属性可在【Property Editor】中进行调整。

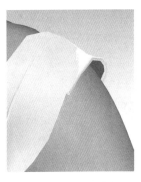

图2-2-51　嵌条举例

42. 熨烫

点击【熨烫】工具，再点击3D窗口中需烫平的板片。点击的样板片变为透明状，点击另一个与第一个板片缝合的板片，第一次点击的板片将重新出现。激活【模拟】工具，凸起的板片将变平整（当【熨烫】工具用于板片上时，缝纫线类型将自动变更为"Turned"）。

43. 编辑服装测量

点击【编辑服装测量】工具，将鼠标悬停于3D服装上创建测量，测量以浅蓝色高亮表示，单击右键，可选择删除测量（图2-2-52）。

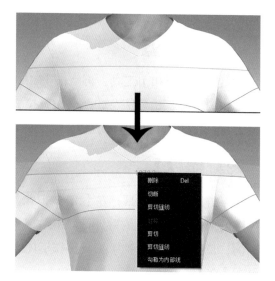

图2-2-52　编辑服装测量举例

44. 服装直线测量

点击【服装直线测量】工具，鼠标左键单击需测量3D服装距离的第一个点，移动鼠标再单击第二个点完成测量。当移动鼠标时按【Shift】键可创建直线（图2-2-53）。

45. 服装的圆周测量

点击【服装的圆周测量】工具，选择3D服装，创建的服装圆周测量将以黄色高亮表示，测量数值将出现其上方。当未选中服装测量数值时，显示黄绿色线（图2-2-54）。

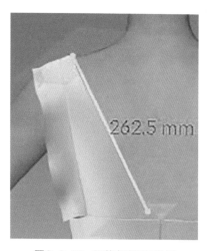

图2-2-53　服装直线测量举例

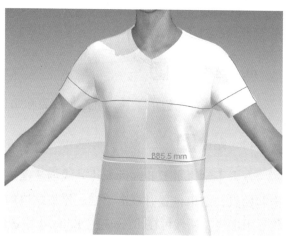

图2-2-54　服装的圆周测量举例

46. 显示3D服装

点击【显示3D服装】工具，显示或隐藏【3D虚拟化身】窗口模特身上的服装。

（1）显示服装（Shift+C）：点击【显示服装】工具，在【3D虚拟化身】窗口中显示或隐藏3D服装（图2-2-55）。

（2）显示缝纫线（Shift+S）：点击【显示缝纫线】工具，显示或隐藏3D服装上的缝纫线。

（3）显示内部线：点击【显示内部线】工具，显示或隐藏3D服装上的内部线（图2-2-56）。

（4）显示基础线：点击【显示基础线】工具，显示或隐藏3D服装上的基础线（图2-2-57）。

（5）显示3D画笔（服装）：点击【显示3D画笔（服装）】工具，显示或隐藏3D服装上的线段或图形（图2-2-58）。

图2-2-55　显示服装举例

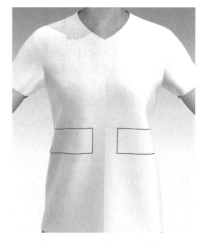

图2-2-56　显示内部线举例

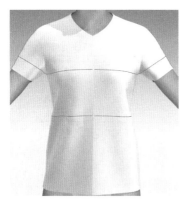

图2-2-57　显示基础线举例

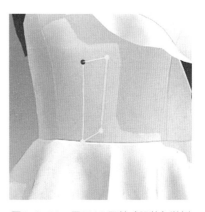

图2-2-58　显示3D画笔（服装）举例

（6）显示缝纫线 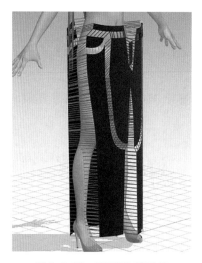：点击【显示缝纫线】工具，显示或隐藏3D服装板片间有缝纫关系的缝合线（图2-2-59）。

（7）显示针 ：点击【显示针】工具，显示或隐藏3D服装上的固定针。

（8）显示服装尺寸 ：点击【显示服装尺寸】工具，显示或隐藏3D服装上的测量尺寸（图2-2-60）。

（9）显示造型线（Alt+O） ：点击【显示造型线】工具，显示或隐藏3D服装上的造型线，点击显示后出现设计线编辑窗口。

图2-2-59　显示缝纫线举例　　　　　　　图2-2-60　显示服装尺寸

47. 显示3D附件

点击【显示3D附件】工具，显示或隐藏3D服装上的附加装饰。

（1）显示纽扣 ：点击【显示纽扣】工具，显示或隐藏3D服装上的纽扣（图2-2-61）。

（2）显示嵌条 ：点击【显示嵌条】工具，显示或隐藏3D服装上的嵌条（图2-2-62）。

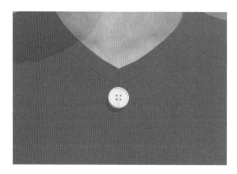

图2-2-61　显示纽扣举例　　　　　　　图2-2-62　显示嵌条举例

（3）显示粘衬/消薄 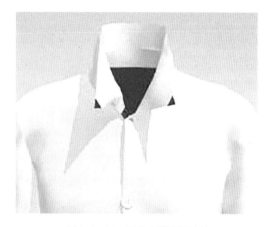：点击【显示粘衬/消薄】工具，显示或隐藏3D服装上的粘衬/消薄。

（4）显示缝纫褶皱 ：点击【显示缝纫褶皱】工具，显示或隐藏3D服装上的缝纫褶皱。

48. 显示虚拟模特

点击【显示虚拟模特】工具，显示或隐藏【3D虚拟化身】窗口的虚拟模特。

（1）显示虚拟模特（Shift+A） ：点击【显示虚拟模特】工具，显示或隐藏【3D虚拟化身】窗口的虚拟模特（图2-2-63）。

图2-2-63 显示虚拟模特举例

（2）显示安排点（Shift+F） ：点击【显示安排点】工具，显示或隐藏【3D虚拟化身】窗口虚拟模特的板片安排点（图2-2-64）。

（3）显示安排板 ：点击【显示安排板】工具，显示或隐藏【3D虚拟化身】窗口虚拟模特的板片安排板（图2-2-65）。

（4）显示X-Ray结合处（Shift+X） ：点击【显示X-Ray结合处】工具，显示或隐藏3D服装上的X-Ray结合处（虚拟模特的关节点）来调整虚拟模特的姿势（图2-2-66）。

图2-2-64 显示安排点举例

（5）显示虚拟模特尺寸 ：点击【显示虚拟模特尺寸】工具，显示或隐藏虚拟模特身体部位的测量尺寸。

（6）显示虚拟模特胶带 ：点击【显示虚拟模特胶带】工具，显示或隐藏虚拟模特胶带（图2-2-67）。

图2-2-65 显示安排板举例

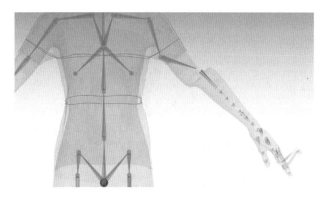

图2-2-66　显示X-Ray结合处举例

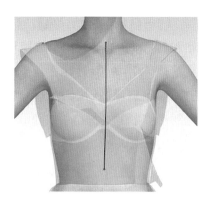

图2-2-67　显示虚拟模特胶带举例

（7）显示3D画笔（虚拟模特）：点击【显示3D画笔】工具，显示或隐藏虚拟模特上画的线或面。

49. 浓密纹理表面（Alt+1）

点击【浓密纹理表面】工具，使服装正反面均显示原有色彩，同时表现织物厚度（图2-2-68）。

（1）纹理表面（Alt+2）：点击【纹理表面】工具，使服装正面呈原纹理色彩，反面呈深色，该功能无法表现织物厚度。

图2-2-68　浓密纹理表面举例

（2）黑白表面（Alt+3）：点击【黑白表面】工具，可将3D服装表现为黑色及白色，以表现服装的正反面，该功能无法表现织物厚度（图2-2-69）。

（3）表面半透明（Alt+4）：点击【表面半透明】工具，可将3D服装变为半透明状态（图2-2-70）。

图2-2-69　黑白表面举例

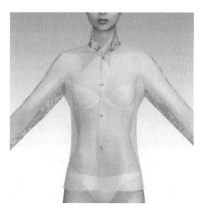

图2-2-70　表面半透明举例

（4）网格（Alt+5）：点击【网格】工具，可将 3D 服装变为网格结构状态（图2-2-71）。

（5）表面随机颜色：点击【表面随机颜色】工具，开启表面随机颜色后不同板片上会应用不同的颜色以区分各个板片（图2-2-72）。

图2-2-71　网格举例　　　　　　　图2-2-72　表面随机颜色举例

50. 服装试穿图

点击【服装试穿图】工具，显示 3D 服装试穿后的状态，黄色代表服装相对人体是紧身的，红色表示服装过紧无法穿着，该工具直观展现着装压力效果（图2-2-73）。

（1）压力图（Alt+6）：点击【压力图】工具，检查 3D 服装在虚拟模特上的外部压力值。虚拟服装用不同颜色表示服装各部位的压力，由绿到红，压力依次增大（图2-2-74）。

 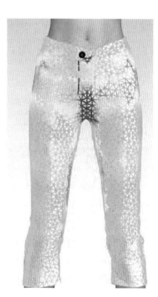

图2-2-73　服装试穿图举例　　　　　　图2-2-74　压力图举例

（2）应力图（Alt+7）：点击【应力图】工具，查看由于外部压力作用下3D服装的拉伸。没有拉伸的部分显示绿色，拉伸效果越强，服装颜色越接近红色（图2-2-75）。

（3）试穿图（Alt+8）：点击【试穿图】工具，3D服装表面将由白色、黄色及红色组成，代表3D服装穿着的松紧程度，红色：不能穿；黄色：较紧；白色：合适（图2-2-76）。

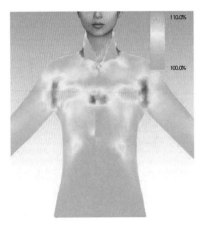

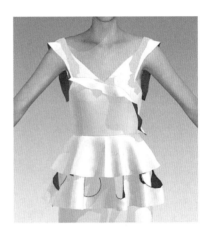

图2-2-75　应力图举例　　　　　　　　　图2-2-76　试穿图举例

（4）显示压力点：点击【显示压力点】工具，显示或隐藏在3D服装和虚拟模特之间的接触点。

51. 纹理表面

点击【纹理表面】工具，以不同渲染模式显示虚拟模特。导入一虚拟模特后，纹理表面将自动应用于虚拟模特，展现虚拟模特的皮肤材质（图2-2-77）。

（1）黑白表面：点击【黑白表面】工具，可将虚拟模特表面变为黑白两色（图2-2-78）。

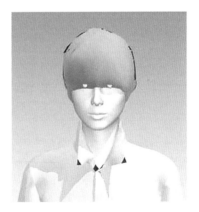

图2-2-77　纹理表面举例　　　　　　　　图2-2-78　黑白表面举例

（2）网格表面：点击【网格表面】工具，可将虚拟模特表面变为网格结构
（图2-2-79）。

图2-2-79　网格表面举例

思考题

1. 试归纳CLO 3D 5.0中处理2D板片工具。
2. 试分析使用3D工具与2D工具绘制板片各自的优劣性。
3. 试归纳关于编辑或显示虚拟模特形态的工具。

课程实践

第3章　女款服装设计案例

课题内容： 女士衬衫设计
　　　　　　女士裤装设计
　　　　　　女士裙装设计
　　　　　　女士外套设计
　　　　　　女士羽绒服设计

课题时间： 30课时

教学目的： 通过对10款女士服装案例的说明，使读者深化软件工具使用方法，了解制作流程，能根据案例进行自主练习。

教学方式： 教授法及实践法。

教学要求： 1. 通过对女款服装设计案例的学习，使读者能更加熟练地使用软件工具及了解新的制作方法。

　　　　　　2. 通过对女款服装设计案例的学习，使读者能自主设计并使用软件进行3D服装制作。

第1节　女士衬衫设计

3.1.1　女士标准型雪纺衬衫

款式特点：该款式为女士标准型雪纺衬衫，效果图及款式图如图3-1-1所示，3D效果图如图3-1-2所示。

图3-1-1　女士标准型雪纺衬衫效果图及款式图

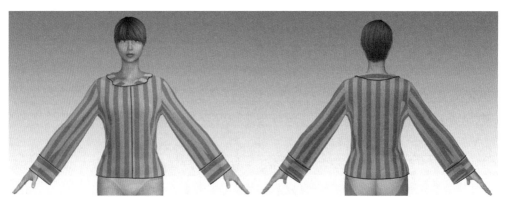

图3-1-2　女士标准型雪纺衬衫3D效果图

号型设置：本款号型为160/84A的女士标准型雪纺衬衫，成品规格见表3-1-1。

表3-1-1　成品规格

单位：cm

部位	衣长	胸围	腰围	肩宽	背长	领围	袖长	袖口围
尺寸	60	93	90	38	38	48	62	37

1. 2D纸样导入

所涉及的功能包括【调整板片】（█）。具体步骤如下：

（1）导入板片：在主菜单中选择【文件】→【导入】→【Dxf】→【打开】，导入女士标准型雪纺衬衫2D纸样的Dxf文件（图3-1-3）。

（2）模特设置：选择【Library】→【Avatar】→【Female_Emma】→选择模特→【Hair】更换发型（模特发型可根据需要自行更换）。

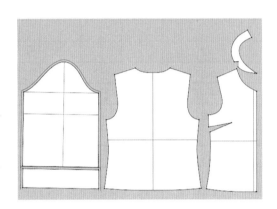

图3-1-3　2D纸样导入

2. 板片完善

按住【Shift】键，将前片、后片、袖片等需复制的板片选中，【Ctrl+C】复制，【Ctrl+R】对称粘贴（图3-1-4）。

3. 板片缝合

所涉及的功能包括【自由缝纫】（█）、【线缝纫】（█）、【编辑板片】（█）。具体步骤如下：

（1）裁剪省道：选择【编辑板片】工具，按住【Shift】键，分别单击省山两边点，再单击省山尖点不放，将省山尖点拖至省尖点，使编辑图形与省道重合，裁剪省道完成。

（2）线缝纫板片：使用【线缝纫】

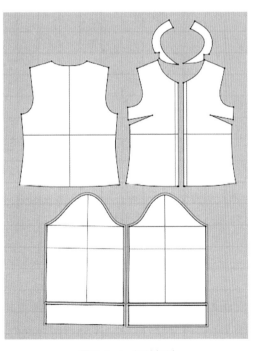

图3-1-4　板片复制

工具，分别缝合省道、领片后中缝、袖片侧缝、袖片与袖克夫、袖克夫侧缝、前片与后片的肩线。

（3）自由缝纫板片：选择【自由缝纫】工具（注意板片缝纫时，单击方向应一致），分别将前片与后片侧缝缝合，左领片内侧弧线与左前片、左后片领口线缝合（另一边重复此操作），袖山弧线与前后片袖窿弧线缝合（图3-1-5）。

4. 板片安排

所涉及的功能包括【显示安排点】（ ▦ ）、【模拟】（ ▼ ）。

单击【显示安排点】工具，虚拟模特随即出现安排点，选择【编辑板片】工具，在【2D板片】窗口中框选板片，将板片分别安排在模特相应位置（图3-1-6）。

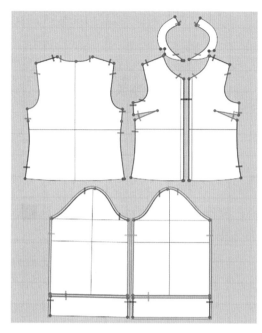

图 3-1-5　板片缝合

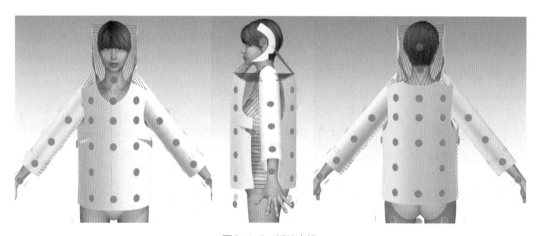

图 3-1-6　板片安排

5. 面料及辅料属性调整

所涉及的功能包括【嵌条】（ ▦ ）、【编辑嵌条】（ ▥ ）。具体步骤如下：

（1）安装整理及更改嵌条属性：选择【嵌条】工具，选择起始点，中间可单击嵌条任意位置确定路径，在末端双击确定生成嵌条（图3-1-7）。选择【编辑嵌条】工具调整嵌条，在【Property Editor】→【织物】中，可修改装饰边面料属性。选择【Library】→【Fabric】→双击选择【Silk】面料，在【Property Editor】窗口中编辑所

需面料颜色。按住【Shift】键选中所有嵌条→
【Property Editor】→【织物】，在【Object
BrowSer】→选择面料属性并进行参数设置
（图3-1-8），嵌条安装完成（图3-1-9）。

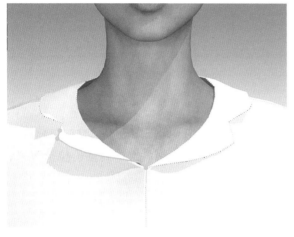

图3-1-7　生成嵌条

图3-1-8　编辑嵌条

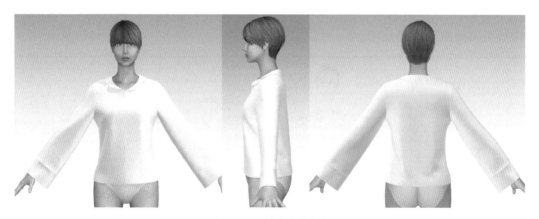

图3-1-9　嵌条安装完成

（2）面料属性：在【Library】窗口中选择【Fabric】→【Silk_CharmeuSe_
FCL1PSS002】。将所需面料属性添加到织物栏，在【Property Editor】窗口中，将
添加面料厚度改为0.5，透明度改为80%，框选所有板片，在【Property Editor】窗
口中选择此面料。在【Object Browser】→【织物】中，复制【Silk_CharmeuSe_
FCL1PSS002】面料，在【Property Editor】窗口中透明度改为100%，选择领片，在
【Property Editor】窗口中选择此面料。

（3）面料图案设置：选择属性栏【SIMULATION】→【PRINT LAYOUT】，选择

织物栏中的衣片，单击界面右侧【Property Editor】→【属性】→【纹理】，选择所需图案（自存纹样图片），并在面料界面调整图案位置（图3-1-10）。透明度调整为80%，女士雪纺标准型衬衫3D效果如图3-1-2所示。

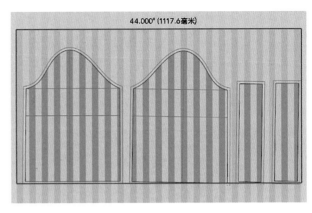

图3-1-10　面料图案设置

6. 虚拟试衣

所涉及的功能包括【模拟】（ ⬇ ）。选择【模拟】工具，完成衬衫模拟，最终完成效果图如图3-1-2所示。翻折领面技巧：可在领面及衣片对应位置绘制内部线，并对应缝制。以达到翻折拉扯效果，翻折领面成功后，删除缝纫线及内部线。

3.1.2　女士棉质不规则衬衫

款式特点：该款式为女士棉质不规则衬衫，效果图及款式图如图3-1-11所示，3D效果图如图3-1-12所示。

图3-1-11　女士棉质不规则衬衫效果图及款式图

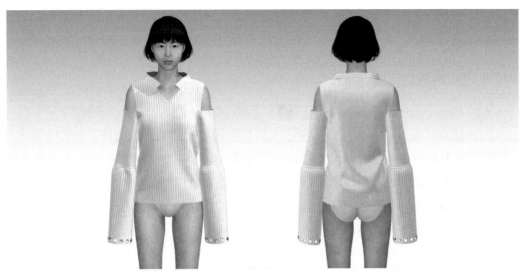

图3-1-12　女士棉质不规则衬衫3D效果图

号型设置：本款号型为165/88A的女士棉质不规则衬衫，成品规格见表3-1-2。

表3-1-2　成品规格　　　　　　　　　　　　　　　　　　　　　单位：cm

部位	衣长	胸围	腰围	肩宽	袖长	上袖围	下袖围
尺寸	68	92	86	34	66	32	40

1. 2D纸样导入

所涉及的功能包括【调整板片】（■）。具体步骤如下：

（1）导入板片：在主菜单中选择【文件】→【导入】→【Dxf】→【打开】，导入女士棉质不规则衬衫纸样的Dxf文件，并选择相应板片进行复制、对称粘贴，得到如图3-1-13所示的纸样。

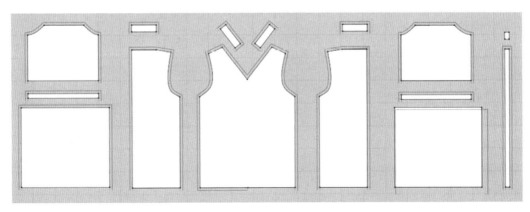

图3-1-13　2D纸样导入

（2）模特设置：选择【Library】→【Avatar】→【Female_Emma】→选择模特→【Hair】更换发型。

2. 板片缝合

所涉及的功能包括【自由缝纫】（ ）、【线缝纫】（ ）。具体步骤如下：

（1）线缝纫板片：选择【线缝纫】工具，分别缝合前后片侧缝线、前后片肩线、左右所有袖片侧缝、袖上片与袖中装饰片、袖下片与袖中装饰片、左后片与后装饰片一侧、右后片与后装饰片另一侧、前后衣片与领片装饰片、后领片与后衣片。

（2）自由缝纫板片：选择【自由缝纫】工具，分别缝合袖窿弧线与袖片、前领片与相应前衣片，板片缝合完成（图3-1-14）。

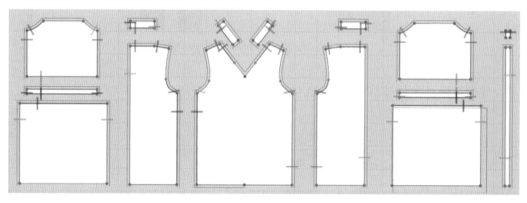

图3-1-14 板片缝合

3. 板片安排

所涉及的功能包括【显示安排点】（ ）、【模拟】（ ）。

单击【显示安排点】工具，虚拟化身周围出现安排点。选择【编辑板片】工具，在【2D板片】窗口中将左前片安排在模特前身，左后片、右后片及后装饰片安排在模特身后，袖上片、袖中装饰片与袖下片安排在模特手臂周围，左前领片、右前领片、左后领片、右后领片分别安排在相对位置（图3-1-15）。

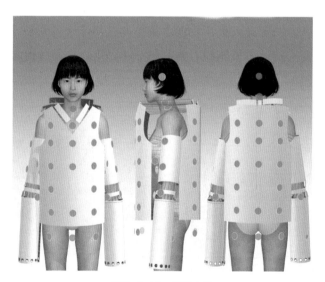

图3-1-15 板片安排

4. 面料及辅料属性调整

所涉及的功能包括【内部圆形】()、【调整板片】(■)。具体步骤如下：

（1）增加镂空：选择【内部圆形】，在相应位置绘制圆形，选择【调整板片】，右键单击圆形，选择【转化为洞】。复制、粘贴圆形，在相应位置做出镂空，如图3-1-16所示。

图3-1-16　2D界面镂空

（2）选择面料及图案：选择【调整板片】工具，在【2D板片】窗口选择所有板片，在【Library】窗口选择【Fabric】→添加【Cotton_14_ wale_corduroy】文件，在菜单栏选择【素材】→【图形】→【贴图（2D板片）】，选择相应面料图案，安排在板片上（图3-1-17）。

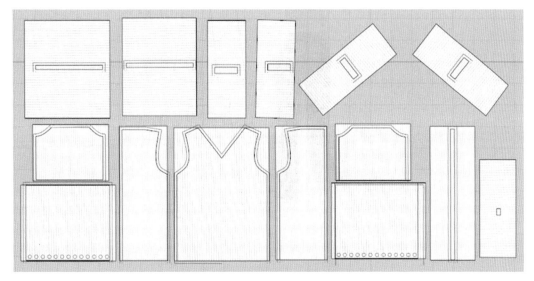

图3-1-17　安排面料图案

5. 虚拟试衣

所涉及的功能包括【模拟】（）。选择【模拟】工具，完成衬衫模拟，衬衫整体效果如图3-1-12所示，镂空细节如图3-1-18所示。

图3-1-18　镂空细节

第2节　女士裤装设计

3.2.1　女士格纹休闲直筒裤

款式特点：该款式为女士格纹休闲直筒裤，效果图及款式图如图3-2-1所示，3D效果图如图3-2-2所示。

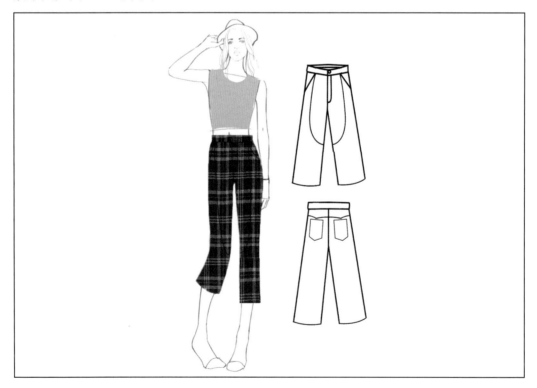

图3-2-1　女士格纹休闲直筒裤效果图及款式图

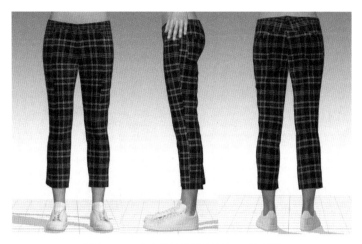

图3-2-2　女士格纹休闲直筒裤3D效果图

号型设置：本款号型为160/68A的女士格纹休闲直筒裤，成品规格见表3-2-1。

表3-2-1　成品规格　　　　　　　　　　　　　　　　　　　　　　　单位：cm

部位	腰围	臀围	股上长	裤长	裤口围
尺寸	68	90	26	81	28

1. 2D纸样导入

所涉及的功能包括【调整板片】（▨）。具体步骤如下：

（1）导入板片：在主菜单中选择【文件】→【导入】→【Dxf】→【打开】，导入女士格纹休闲直筒裤纸样的Dxf文件，选择【调整板片】工具移动板片（图3-2-3）。

（2）模特设置：选择【Library】→【Avatar】→【Female_Emma】→选择模特→【Hair】更换发型。

2. 板片完善

所涉及的功能包括【多边形】（▨）、【内部多边形/线】（▨）、【自由明线】

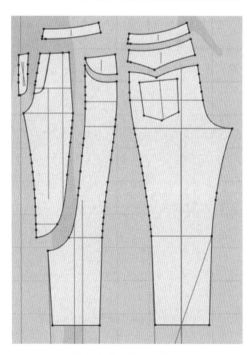

图3-2-3　2D纸样导入

（■）、【编辑板片】（■）。具体
步骤如下：

（1）绘制口袋：选择【多边
形】工具，绘制口袋图形，最后
双击左键结束绘制（图3-2-4）。

（2）克隆绘制口袋缝线：在
【2D板片】窗口点击口袋，再单
击右键，选择【克隆为内部图形】
绘制口袋缝线轮廓，拖拽口袋缝
线至合适位置。使用同样方法绘
制门襟内部线。

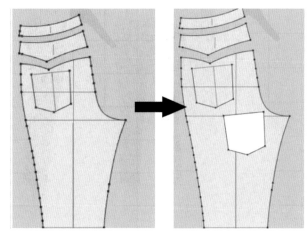

图3-2-4　口袋绘制

3. 板片缝合

所涉及的功能包括【自由缝纫】（■）、【线缝纫】（■）、【编辑板片】（■）。具
体步骤如下：

（1）缝合现有板片：选择【自由缝纫】工具，分别缝合口袋及口袋内部线（袋
口不缝）、门襟与裤前片、后裤片与育克片、前片大小片、内部侧缝线与外部侧缝线
（图3-2-5）。

（2）复制板片：选择【调整板片】工具，框选除门襟片外板片，选择复制
【Ctrl+C】，对称粘贴【Ctrl+R】（图3-2-6）。

（3）缝合剩余板片：对称复制后，缝纫线迹部分也被复制，但部分缝纫线仍需完
善。继续缝合前后裆线、腰头与裤片（图3-2-7）。

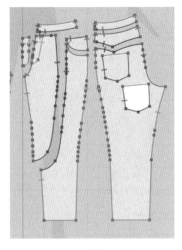

图3-2-5　缝合现有板片

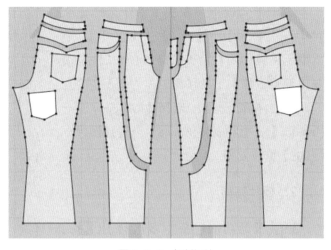

图3-2-6　复制板片

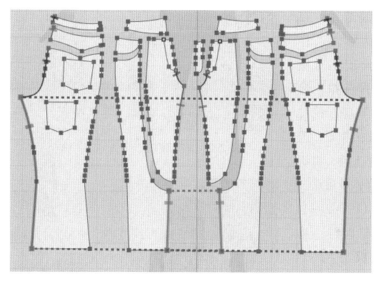

图3-2-7 缝合剩余板片

4. 板片安排

所涉及的功能包括【显示安排点】（▦）、【编辑板片】（◥）【模拟】（▼）。

选择【显示安排点】工具，虚拟化身周围出现安排点。选择【编辑板片】工具，在【2D板片】窗口中将大小前裤片、门襟、前育克及腰头安排在模特前身，后裤片、口袋、腰头及后育克安排在模特后身（图3-2-8）。

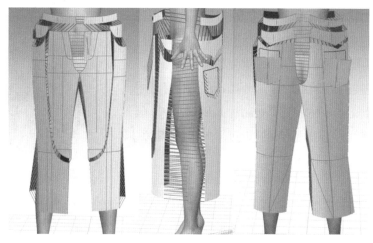

图3-2-8 安排所有板片

5. 面料及辅料属性调整

所涉及的功能包括【线缝纫】（▦）、【纽扣】（◉）、【扣眼】（━）、【系纽扣】（⬛）、【贴图】（✿）、【调整贴图】（✿）、【模拟】（▼）。具体步骤如下：

（1）安装纽扣：在3D窗口工具栏，选择【纽扣】工具，在对应位置点击安排纽扣；选择【扣眼】工具，在对应位置点击安排扣眼；选择【系纽扣】工具，将纽扣与扣眼缝合，最后点击【模拟】工具（图3-2-9）。

图3-2-9　安装纽扣

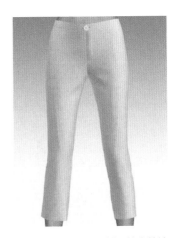

图3-2-10　设置面料后的直筒裤

（2）调整面料：选择【调整板片】工具，在【2D板片】窗口选中所有板片，选择【Object Browser】→【织物】→【Fabric1】→【Porperty Editor】→【织物】→【打开】，选择任意【Cotton】面料，单击【模拟】工具（图3-2-10）。

图3-2-11　调整贴图

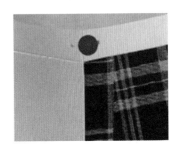

图3-2-12　调整纽扣

（3）添加格纹图案：选择【贴图】工具，在弹出对话框中选择所需图片，放置于样板合适位置，每一片都需贴图（图3-2-11），重复进行此步骤。

（4）调整纽扣：在【Object Browser】窗口中选择【纽扣】工具，选择【Property Editor】→【属性】→【颜色】，选择适合的棕色，单击【模拟】工具完成纽扣设置（图3-2-12）。

6. 虚拟试衣

所涉及的功能包括【模拟】（）、【显示压力点】（ ）。调整服装属性后，选择【模拟】工具，再选择【显示压力点】工具，根据需求调整样板大小，显示效果如图3-2-13所示。

图3-2-13　显示压力点

3.2.2　女士七分哈伦裤

　　款式特点：该款式为女士七分哈伦裤，效果图及款式图如图3-2-14所示，3D效果图如图3-2-15所示。

图3-2-14　女士七分哈伦裤效果图及款式图

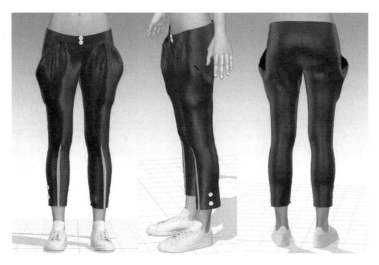

图3-2-15　女士七分哈伦裤3D效果图

号型设置：本款号型为160/68A的女士七分哈伦裤，成品规格见表3-2-2。

表3-2-2　成品规格　　　　　　　　　　　　　　　　　　单位：cm

部位	裤长	裤脚口围	腰围	臀围
尺寸	80	23	70	90

1. 2D纸样导入

所涉及的功能包括【调整板片】（■）。具体步骤如下：

（1）导入板片：在主菜单中选择【文件】→【导入】→【Dxf】→【打开】，导入女士七分哈伦裤的Dxf文件，选择【调整板片】工具移动板片（图3-2-16）。

（2）模特设置：选择【Library】→【Avatar】→【Female_Emma】→选择模特。

2. 板片完善

所涉及的功能包括【调整板片】（■）。选择【调整板片】工具，框选所有板片，

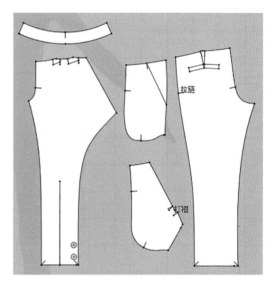

图3-2-16　2D纸样导入

【Ctrl+C】复制，右键选择【镜像粘贴】，将板片对称粘贴，完善板片（图3-2-17）。

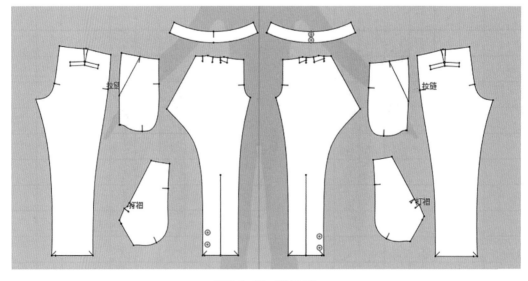

图3-2-17　板片对称

3．板片缝合

所涉及的功能包括【自由缝纫】（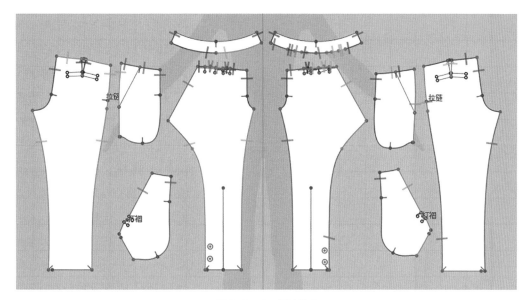）、【线缝纫】（　）、【调整板片】（　）。具体步骤如下：

（1）线缝纫板片：选择【线缝纫】工具，缝合前后裤片内侧缝线。

（2）自由缝纫板片：选择【自由缝纫】工具，分别缝合口袋片、口袋与裤片、前裆线、后裆线、腰头、腰头与裤片，即完成板片缝合（图3-2-18）。

图3-2-18　板片缝合

4．板片安排

所涉及的功能包括【显示安排点】（　）、【模拟】（　）、【选择/移动】（　）。单击【显示安排点】工具，虚拟模特出现安排点。选择【编辑板片】工具，在【2D板片】窗口中将板片分别安排在模特相应位置（图3-2-19）。

5．面料及配饰属性调整

所涉及的功能包括【选择/移动】（　）、【调整板片】（　）、【固定到虚拟模特上】（　）、【纽扣】（　）、【拉链】（　）、【编辑假缝】（　）、【编辑缝纫线】（　）、【嵌条】（　）、【编辑嵌条】（　）。具体步骤如下：

（1）固定裤腿：选择【固定到虚拟模特上】工具，将前片裤腿要安装拉链的两侧固定到模特上，在【2D板片】窗口选中裤子前片安装拉链的线段，单击右键选择【剪切缝纫】，再选择【编辑缝纫线】工具，单击右键选择删除缝纫线（该操作目的是为安装拉链）（图3-2-20）。

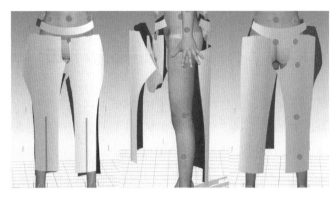

图3-2-19　板片安排

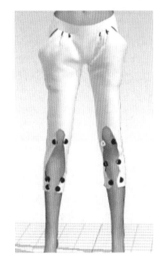

图3-2-20　固定拉链两侧

图3-2-21　安装纽扣

（2）安装拉链：选择【拉链】工具，给裤腿相应位置安装拉链，再选择【编辑假缝】工具，单击右键删除固定针。

（3）安装纽扣：选择【纽扣】工具，在前腰头中间与裤前片两侧安装纽扣，完成纽扣的安装（图3-2-21）。

（4）调整面料属性：在【Library】窗口选择【Fabric】→【Silk_CharmeuSe_FCL1PSS002】，将面料属性添到织物栏，在【Property Editor】窗口中将添加面料厚度改为0.5。按住【Shift】键，选择所有板片，在【Object BrowSer】→【织物】中，织物选择【Silk_CharmeuSe_FCL1PSS002】，完成操作（图3-2-22）。

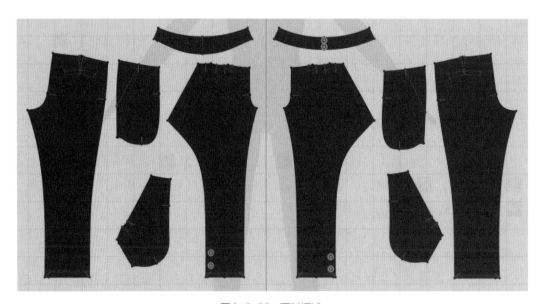

图3-2-22　面料调试

6. 虚拟试衣

所涉及的功能包括【模拟】()、【选择/移动】()。选择【模拟】工具，调整裤装整体效果（图 3-2-15）。

第3节　女士裙装设计

3.3.1　女士半身蛋糕裙

款式特点：该款式为女士半身蛋糕裙，效果图及款式图如图 3-3-1 所示，3D 效果图如图 3-3-2 所示。

图3-3-1　女士半身蛋糕裙效果图及款式图

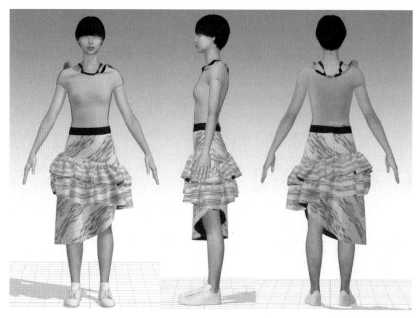

图3-3-2　女士半身蛋糕裙3D效果图

号型设置：本款号型为160/68A的女士半身蛋糕裙，成品规格见表3-3-1。

表3-3-1　成品规格

单位：cm

部位	裙长	腰围	臀围
尺寸	70	68	98

1. 2D纸样导入

所涉及的功能包括【调整板片】（■）。具体步骤如下：

（1）2D纸样导入：选择【文件】→【导入】→【Dxf】→【打开】，导入女士半身蛋糕裙纸样的Dxf文件，选择【调整板片】工具移动板片。若板片绘制的尺寸有所出入，也可使用【调整板片】工具调整板片的大小（图3-3-3）。

（2）模特设置：选择【Library】→【Avatar】→【Female_Emma】→选择模特→【Hair】更换发型。

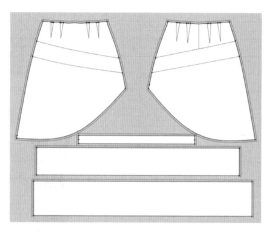

图3-3-3　2D纸样导入

2. 板片完善

所涉及的功能包括【调整板片】( )、【内部多边形 / 线】( )、【编辑曲线点】( )、
【编辑板片】( )。具体步骤如下：

（1）绘制裙片分割线：选择【内部多边形 / 线】工具，依次绘制裙前后片的分割
线，最后双击左键结束绘制；选择【调整板片】工具调整多边形，使之与板片上的点
契合；选择【编辑曲线点】工具调整多边形上下边的弧度，使之与板片上的点契合
（图 3-3-4 ）。

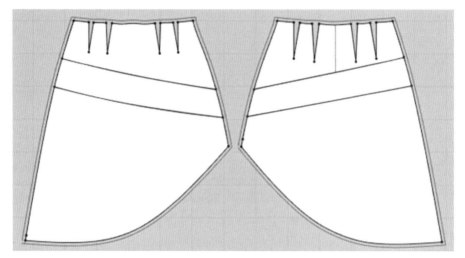

图 3-3-4　绘制裙片分割线

（2）绘制裙片省：选择【加点 / 分线】工具，在省的开口位置添加点，起点、终
点及中点。选择【编辑板片】工具，拖动中点，将中点移至省尖点，完成省的绘制
（图 3-3-5 ）。

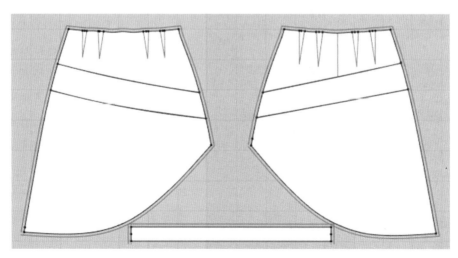

图 3-3-5　绘制裙片省

（3）绘制拉链开口位置：使用【内部多边形/线】工具，绘制开口线，选择【调整板片】工具，选中该开口线，单击右键选择【切断】（图3-3-6）。

（4）复制完善贴片：使用【调整板片】工具，选择裙子的第一个贴片并按住【Shift】键选择第二个贴片，复制、对称粘贴板片，完善裙子贴片。选择【内部多边形/线】工具绘制腰板片中离右端3cm处的分割线，即图中腰板片红色线部分（图3-3-7）。

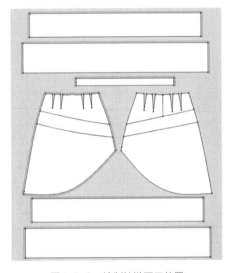

图3-3-6　绘制拉链开口位置

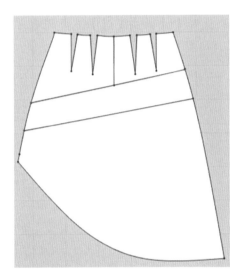

图3-3-7　复制完善贴片

（5）褶皱设置：该处有两种方法（方法①自由褶缝纫；方法②规律褶缝纫）。

方法①：绘制板片时做到贴片长度是裙分割线的2~3倍，再在CLO 3D 5.0中直接将二者的边线使用【自由缝纫】工具缝合。

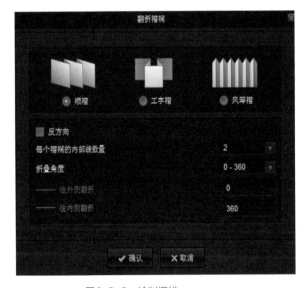

图3-3-8　绘制褶线

方法②：使用【内部多边形/线】工具，在贴片上绘制几条褶线，再选择【编辑板片】工具框选刚绘制的几条褶线（图3-3-8），复制粘贴褶线，使用【调整板片】工具调整移动安排褶线位置使其均匀分布于贴片（图3-3-9）。在菜单栏选择【2D板片】→【褶皱】→【翻折褶皱】，点击贴片左、右两点，弹出对话框，在对话框选择褶皱类型及方向（图3-3-10），得到完整的褶皱平面图（图3-3-11），最后使用【自由缝纫】工具依次缝纫即

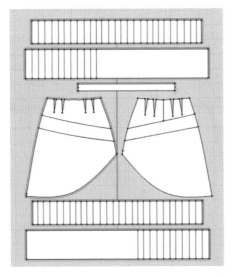

图3-3-9　复制粘贴褶线

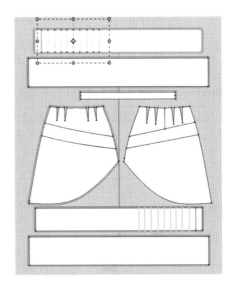

图3-3-10　设置褶皱类型及方向

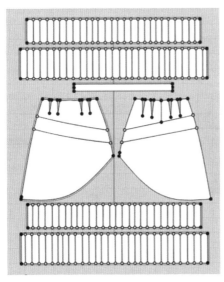

图3-3-11　褶皱完成

图3-3-12　绘制褶

可。【翻折褶皱】工具中可选择褶皱类型（顺褶、工字褶、风琴褶），此例选择顺褶。此款蛋糕裙对褶的绘制，采用方法①（图3-3-12）。

3. 板片缝合

所涉及的功能包括【编辑缝纫线】（ ）、【自由缝纫】（ ）、【线缝纫】（ ）、【调整板片】（ ）。具体步骤如下：

（1）线缝纫板片：选择【线缝纫】工具，分别缝合裙片侧缝线、贴片侧缝线、贴片与裙片。

（2）自由缝纫板片：选择【自由缝纫】工具，缝合腰头片与裙前后片（在该步骤中先将拉链位置缝合，以防其在模拟试衣时裙片掉落，可在安装拉链时再将此处缝纫线删除，此处腰头片两头可不缝合）（图3-3-13）。

4. 板片安排

所涉及的功能包括【显示安排点】（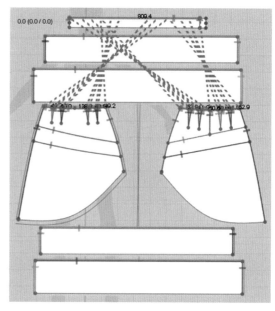）、【模拟】（）、【选择/移动】（）、【重置3D安排位置】（）。单击【显示安排点】工具，虚拟模特周围出现安排点。选择【编辑板片】工具，在【2D板片】窗口中将前片、后片、腰头

图 3-3-13　板片缝合

片安排在模特相应位置。单击贴片，将其放置于裙片外层，无须点击安排点，该步骤中须注意前片与后片两贴片及贴片与裙片的里外关系（图3-3-14）。

图 3-3-14　板片安排

5. 面料及辅料属性调整

所涉及的功能包括【线缝纫】（）、【拉链】（）、【模拟】（）、【纽扣】（）、【扣眼】（）、【系纽扣】（）、【编辑纹理】（）、【调整贴图】（）、【贴图】（）。具体步骤如下：

（1）删除板片线：在菜单栏中选择【2D板片】→【勾勒轮廓】，选择2D板片上的蓝色线，选择【Delete】或【BackSpace】键删除。

（2）安装拉链及纽扣：在3D窗口工具栏，选择【拉链】工具，在裙拉链开口位置完成拉链安装（图3-3-15），最后在3D窗口工具栏单击【模拟】工具，即拉链安

装成功（图3-3-16）。在3D窗口工具栏，选择【纽扣】工具，在腰头片上选择纽扣合适位置，再选择【扣眼】工具放置扣眼于腰头位置（图3-3-17），最后使用【系纽扣】工具（图3-3-18，使用【系纽扣】工具时，裙板片呈透明色）。

图3-3-15　安装拉链

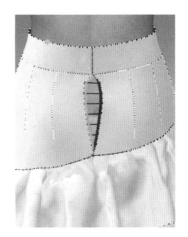

图3-3-16　拉链模拟

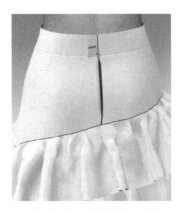

图3-3-17　安排扣眼、纽扣

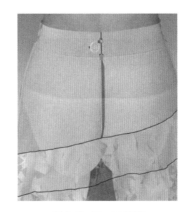

图3-3-18　系纽扣

（3）裙片及贴片：在【3D虚拟化身】窗口中按住【Shift】键，依次单击各板片，再选择【Library】→【Fibric】→【Cotton】右上角添加所需面料，【Object BrowSer】→【织物】中选择所添加的面料，在【2D板片】窗口中选择腰头片，选择该面料并在【Property Editor】→【属性】颜色中选择红色；同理完成裙其他板片设置。最后单击【模拟】工具。

（4）裙片图案：该处裙板片（除腰头片外）添加图案有两种方法。

方法①：通过【Object BrowSer】→【织物】→【属性】→【纹理】，选择相应纹理打开。

方法②：在2D或3D窗口工具栏中选择【贴图】工具，再选择相应的图案，放置并调整图案（图3-3-19），在3D窗口工具栏中选择【模拟】工具（图3-3-20）。

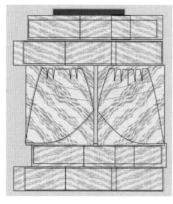

图3-3-19 2D板片图案

图3-3-20 图案模拟效果图

（5）调整拉链：点击拉链各部位可更改其样式、大小、厚度、宽度等。点击拉链头，在【Property Editor】→【种类】中选择合适的拉链头与拉片，并更改拉片和拉链头尺寸。此例中将拉链头和拉片均改为隐形拉链样式，并将拉链头尺寸从90%改为72%（图3-3-21）。点击拉链布带和拉链齿部分，将该部分宽度改为1mm（图3-3-22）。

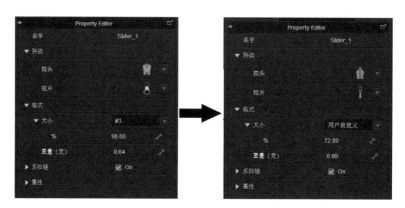

图3-3-21 拉链头更改

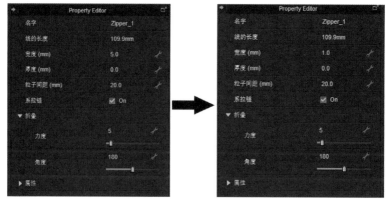

图3-3-22 拉链更改

（6）调整纽扣：打开【Object BrowSer】→【纽扣】→【Property Editor】→【宽度】，将宽度改为15mm（图3-3-23），再选择【属性】→【颜色】，挑选适合的红色，单击【模拟】工具（图3-3-24）。

6. 虚拟试衣

所涉及的功能包括【模拟】（ ⬇ ）。完成绘制后，选择【模拟】工具，用抓手调整服装得到最终效果图（图3-3-2）。

图3-3-23　纽扣参数调整

3.3.2　女士连衣裙礼服

款式特点：该款式为女士连衣裙礼服，效果图及款式图如图3-3-25所示，3D效果图如图3-3-26所示。

号型设置：本款号型为165/88A的女士连衣裙礼服，成品规格见表3-3-2。

图3-3-24　调整后的纽扣、拉链

图3-3-25　女士连衣裙礼服效果图及款式图

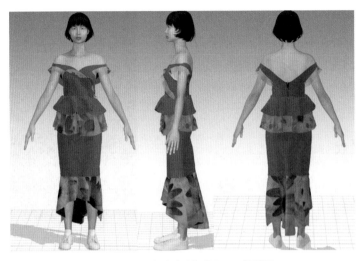

图3-3-26　女士连衣裙礼服3D效果图

表3-3-2　成品规格

单位：cm

部位	裙长	胸围	腰围	袖口围
尺寸	114	93	80	35

1. 2D纸样导入

所涉及的功能包括【调整板片】（▰）。具体步骤如下：

（1）导入板片：在主菜单中选择【文件】→【导入】→【Dxf】→【打开】，导入女士连衣裙礼服纸样的Dxf文件（图3-3-27）。

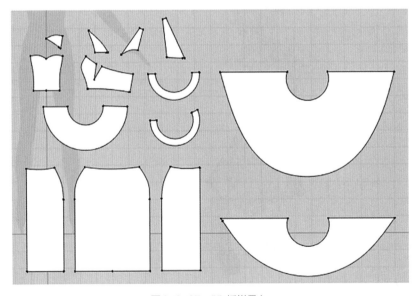

图3-3-27　2D纸样导入

（2）模特设置：选择【Library】→【Avatar】→【Female_Emma】→选择模特→【Hair】更换发型。

2. 板片完善

所涉及的功能包括【调整板片】（）。绘制内部图形：选择【调整板片】工具，选择所需克隆的板片，单击右键选择【克隆为内部图形】并移动到前片对应位置，在前片上克隆出线型图形。选择之前克隆的板片，单击右键删除（图3-3-28）。重复上一个步骤，单击右键选择【克隆为内部图形】，移动到后片对应位置，在后片上克隆出线型图形，并删除克隆板片，便于后续缝纫（图3-3-29）。

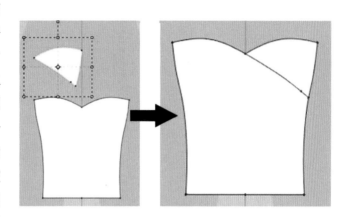

图3-3-28　克隆前片内部线

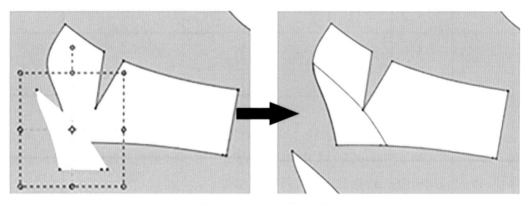

图3-3-29　克隆后片内部线

3. 板片缝合

所涉及的功能包括【自由缝纫】（）、【线缝纫】（）、【调整板片】（）、【编辑板片】（）。具体步骤如下：

（1）缝合现有板片：选择【自由缝纫】工具，分别缝合省道、肩带条及荷叶边装饰、上身前后片、衣片下摆、装饰荷叶边、裙前后片和裙摆（图3-3-30）。

（2）复制板片：选择【调整板片】工具，框选出上身侧片、肩带条、肩带装饰条，【Ctrl+C】复制、【Ctrl+R】对称粘贴（图3-3-31）。

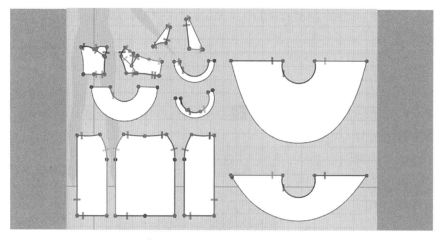

图3-3-30　缝合现有板片

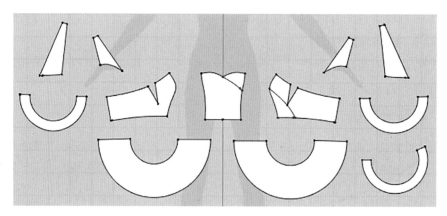

图3-3-31　复制板片

（3）缝合剩余板片：对称复制后，缝纫线线迹部分被复制。但部分缝纫线还需完善，继续缝纫衣片下摆前中线、衣片侧缝线、衣片后中线（装拉链时删除衣片后中缝纫线，此处缝纫辅助完成虚拟试衣）（图3-3-32）。

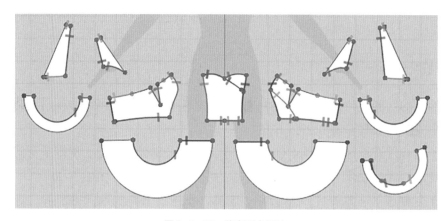

图3-3-32　缝合剩余板片

4．板片安排及新增板片缝合

所涉及的功能包括【编辑板片】（🔧）、【显示安排点】（🎲）、【内部多边形/线】（▱）、【翻折褶裥】（▥）、【内部圆形】（◉）、【自由缝纫】（✎）、【调整板片】（◣）。具体步骤如下：

（1）安排衣片：单击【显示安排点】工具，虚拟模特周围出现安排点。选择【编辑板片】工具，在【2D板片】窗口中将前片、后片、肩带条、装饰条、下摆片、裙前片、裙后片、裙摆片进行安排（图3-3-33）。

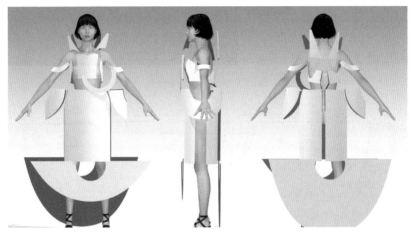

图3-3-33 安排板片

（2）增加装饰片：在菜单栏中选择【文件】→【导入】→【Dxf】→【打开】，导入女士连衣裙礼服装饰片纸样的Dxf文件（图3-3-34）。选择【内部多边形/线】工具在板片内绘制褶裥线条（双击结束线条绘制），再选择【翻折褶裥】工具，单击板片左侧并向右点击绘制出翻折方向，在结束点双击，在弹出窗口进行褶裥选择（图3-3-35）。选择【内部圆形】工具，按住【Shift】键在板片内绘制圆形，选择【调整板片】工具，右键单击圆形选择【转换为洞】，依次进行镂空装饰（图3-3-36）。

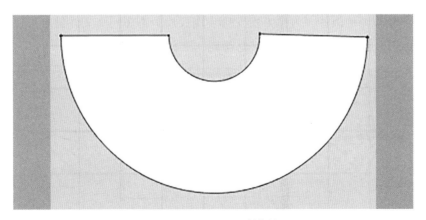

图3-3-34 导入2D装饰片

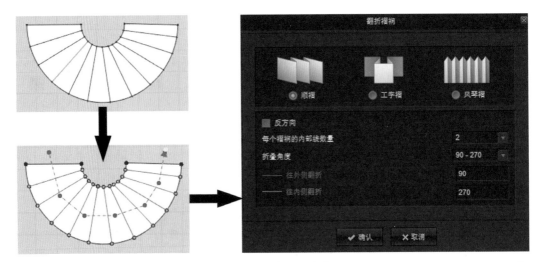

图3-3-35　绘制翻折褶裥

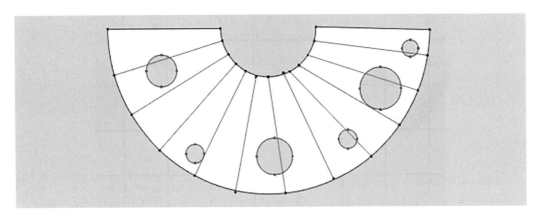

图3-3-36　板片镂空

（3）复制板片：框选装饰片，右键复制、对称粘贴。

（4）缝合现有板片：选择【自由缝纫】工具，将板片的短圆弧与裙片左侧后中线至前中线的位置缝合，另一片缝纫在裙片右侧，最后缝合装饰片侧缝（图3-3-37）。若镂空装饰片和其他板片（为更方便安排装饰板片）不在同一文件里，可框选镂空装饰板面【Ctrl+C】复制，【Ctrl+V】粘贴至同一文件内进行操作。

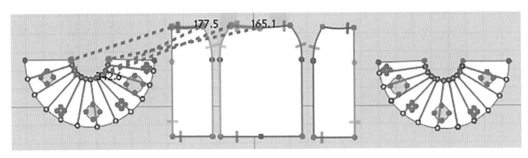

图3-3-37　缝合现有板片

（5）安排装饰片：选择【显示安排点】工具，虚拟化身周围出现安排点，选择【编辑板片】工具，在【2D板片】窗口中框选并安排装饰片。点击衣片下摆，单击右键选择隐藏3D板片，单击安排点将装饰片安排至裙片两侧，模拟后选择【显示所有3D板片】工具（图3-3-38）。

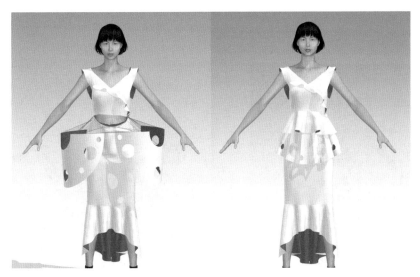

图3-3-38　安排装饰片

5. 面料及辅料属性调整

所涉及的功能包括【拉链】（ ）、【编辑缝纫线】（ ）、【调整板片】（ ）、【贴图】（ ）、【调整贴图】（ ）。具体步骤如下：

（1）删除缝纫线：选择【调整板片】工具，点击后片和裙片，再选择【编辑缝纫线】工具，在衣片后中线和裙片后中线至臀围缝纫线处单击右键选择删除缝纫线（图3-3-39）。

（2）安装拉链：在3D窗口工具栏，选择【拉链】工具，点击拉链开口处左侧顶部，鼠标移动至底部双击完成一侧拉链安装。另一侧按照同样方法，完成拉链安装（图3-3-40）。

图3-3-39　删除缝纫线

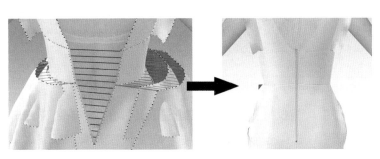

图3-3-40　拉链安装

（3）调整衣片并设置面料：在【Object BrowSer】→【织物】添加新织物→【Property Editor】→【物理属性】→选择面料→选择任意【Nylon】面料，再选择【属性】→【颜色】，选择紫色，在【3D虚拟化身】窗口中按住【Shift】键，依次单击衣片和裙片，选择此面料，单击【模拟】工具（图3-3-41）。同上步骤，再添加相同面料，将【透明度】改为65%，依次单击衣片和腰部的装饰片，选择此面料，单击【模拟】工具（图3-3-42）。

图3-3-41 尼龙面料设置

图3-3-42 丝质面料设置

（4）添加面料花纹：选择【贴图】工具，插入花朵图形，在腰部装饰片内框选出花和图形放置范围，选择【调整贴图】工具，点击图片【Ctrl+C】复制，【Ctrl+V】粘贴图片于裙摆片上（图3-3-43）。

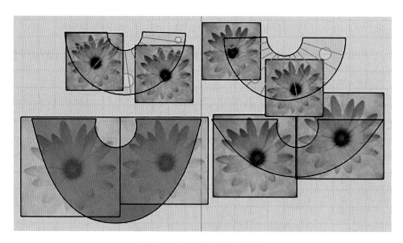

图3-3-43 花纹面料贴图

（5）调整拉链：选择【拉链】工具，在【Property Editor】窗口中选择【属性】更换颜色，选择适合的紫色，在【类型】中选择【Metal】，单击【模拟】工具完成拉链调整（图3-3-44）。

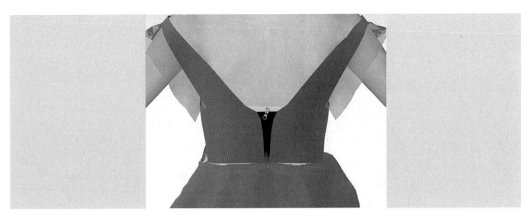

图3-3-44　拉链设置

6. 虚拟试衣

所涉及的功能包括【固定针】（）。在3D窗口工具栏中选择【固定针】工具，在礼服领口边缘框选区域安排固定针，使领口保持理想造型（图3-3-45）。女士连衣裙礼服最终3D效果图如图3-3-26所示。

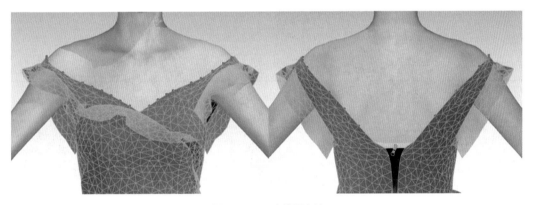

图3-3-45　安排固定针

第4节　女士外套设计

3.4.1　女士翻折领外套

款式特点：该款式为外穿女士翻折领外套，效果图及款式图如图3-4-1所示，3D效果图如图3-4-2所示。

图3-4-1　女士翻折领外套效果图及款式图

图3-4-2　女士翻折领外套3D效果图

号型设置：本款号型为160/84A的女士翻折领外套，成品规格见表3-4-1。

表3-4-1　成品规格

单位：cm

部位	衣长	胸围	腰围	肩宽	袖长
尺寸	46	88	75	39	60

1. 2D纸样导入

所涉及的功能包括【调整板片】（▨）。具体步骤如下：

（1）2D纸样导入在主菜单中选择【文件】→【导入】→【Dxf】→【打开】，导入女士翻折领外套的Dxf文件，选择【调整板片】工具移动板片（图3-4-3）。

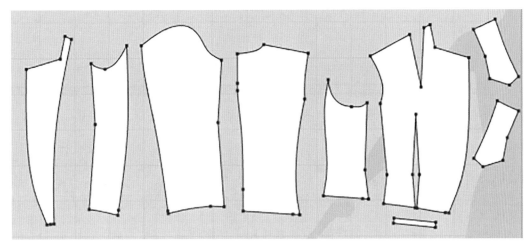

图3-4-3 2D纸样导入

（2）模特设置：选择【Library】→【Avatar】→【Female_Kelly】→选择模特→【Hair】更换发型。

2. 板片完善

所涉及的功能包括【多边形】（▨）、【调整板片】（▨）。选择【内部多边形/线】绘制贴边内部线，选择【自由明线】进行绘制，选择装饰口袋条，转换为内部图形放入衣片相应位置（图3-4-4）。选择【调整板片】工具，框选板片，【Ctrl+C】复制，【Ctrl+R】对称粘贴（图3-4-5）。

3. 板片缝合

所涉及的功能包括【调整板片】（▨）、【自由缝纫】（▨）、【线缝纫】（▨）。具体步骤如下：

（1）线缝纫板片：选择【线缝纫】工具，分别缝合口袋与口袋内部线、腰省、肩省及前后片肩线、后领片、后领片与前领片。

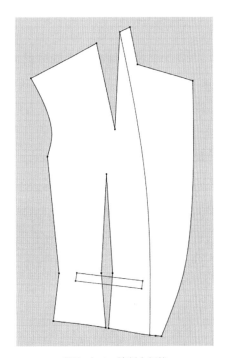

图3-4-4 绘制内部线

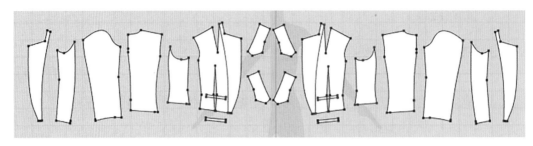

图3-4-5　板片对称

（2）自由缝纫板片：选择【自由缝纫】工具，分别缝合袖侧缝（袖口处留一段不缝作为袖衩）、前后片侧缝、袖片与袖窿弧线、前后领片与衣片（图3-4-6）。

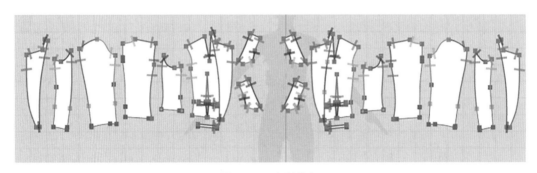

图3-4-6　板片缝合

4. 板片安排

所涉及的功能包括【调整板片】（▨）、【选择/移动】（⊹）、【显示安排点】（⠿）。选择【显示安排点】工具，虚拟化身周围出现安排点。选择【调整板片】工具，在【2D板片】窗口中将左前片及右前片安排在模特前身，左后片、右后片安排在模特身后，安排在模特手臂相应位置、左右领放置在相应位置，领面需朝上放置，保证翻折后面料正面朝上（图3-4-7）。

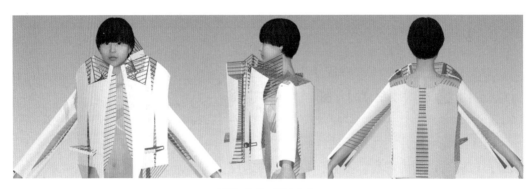

图3-4-7　板片安排

5. 面料及辅料属性调整

涉及功能包括【模拟】、【固定到虚拟模特上】。具体步骤如下：

（1）选择【模拟】工具，在翻折领模拟时，可使用【固定到虚拟模特上】工具进行固定，可防止翻折后的领子错动（图3-4-8）。

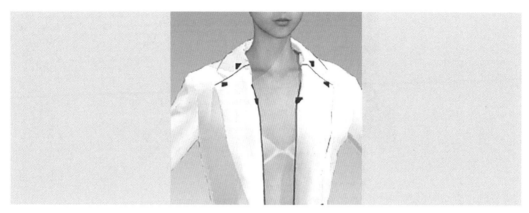

图3-4-8　固定针的使用

（2）在【2D板片】窗口选择相应板片，选择【Object BrowSer】窗口，选择【织物】，进行面料更换，在【Property Editor】窗口选择【纹理】，将面料图片拖入弹出的文件框里（可利用PS工具制作自己所需面料的纹理图片）。选择相应服装衣片进行面料属性调整，面料均选择【Silk】。添加相应花纹图案，最终效果如图3-4-9所示。

图3-4-9　纹理面料

6. 虚拟试衣

所涉及的功能包括【模拟】（ ）。选择【模拟】工具，最终3D效果如图3-4-2所示。

3.4.2　女士短款厚外套

款式特点：该款式为女士短款厚外套，效果图如图3-4-10所示，3D效果图如图3-4-11所示。

图3-4-10　女士短款厚外套效果图

图3-4-11　女士短款厚外套3D效果图

号型设置：本款号型为160/84A的女士短款厚外套，成品规格见表3-4-2。

表3-4-2　成品规格

单位：cm

部位	衣长	胸围	袖长	口袋长	口袋宽	拉链长
尺寸	58	96	55	22	13.5	55

1. 2D 纸样导入

所涉及的功能包括【调整板片】（▰）。具体步骤如下：

（1）导入板片：在主菜单中选择【文件】→【导入】→【Dxf】→【打开】，导入女士短款厚外套纸样的Dxf文件（图3-4-12）。

（2）模特设置：选择【Library】→【Avatar】→【Female_Emma】→选择模特→【Hair】更换发型。

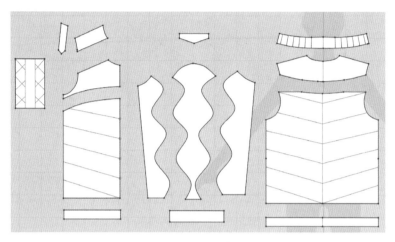

图3-4-12　2D纸样导入

2. 板片完善

所涉及的功能包括【内部多边形/线】（▰）。选择【内部多边形/线】工具，勾勒口袋、前后片的内部结构线（图3-4-13）。

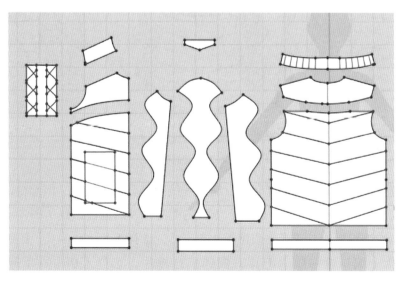

图3-4-13　勾勒内部线

3. 板片缝合

所涉及的功能包括【自由缝纫】（）、【线缝纫】（）、【编辑板片】（）、【调整板片】（）、【编辑缝纫线】（）。具体步骤如下：

（1）缝纫现有板片：选择【自由缝纫】工具分别缝合袖片、前后衣片下摆板片与前后衣片缝合，缝合育克、袖克夫和袖窿弧线、口袋及前后衣片（图3-4-14）。

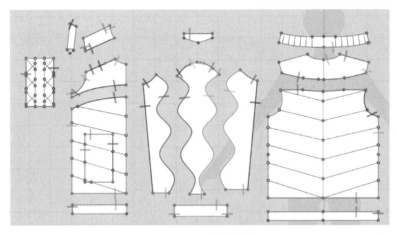

图3-4-14　现有板片缝纫

（2）复制板片：选择【调整板片】工具，按住【Shift】键选择板片（注意后片及领子板片无须复制），【Ctrl+C】复制，【Ctrl+R】对称粘贴（图3-4-15）。

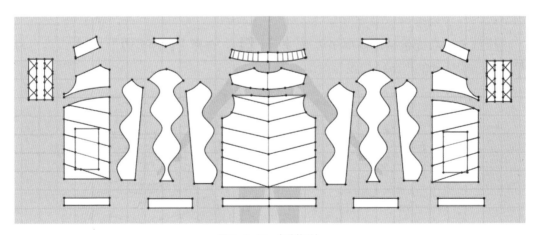

图3-4-15　复制板片

（3）缝合剩余板片：对称复制后，缝纫线线迹部分也被复制，但部分缝纫线仍需完善。继续缝合衣片下摆中线、领片、衣片的侧缝线及后袖窿弧线（图3-4-16）。

（4）制作里料板片：选择【调整板片】工具，选择板片，【Ctrl+C】复制，【Ctrl+V】粘贴。选择【编辑缝纫线】工具，框选里料板片，选择【Delete】删除缝纫线（图3-4-17）。

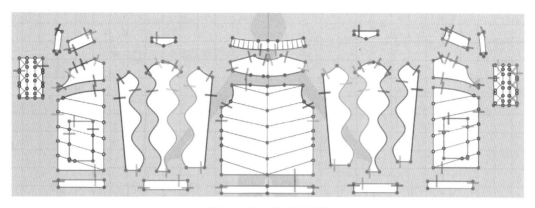

图 3-4-16　缝合剩余板片

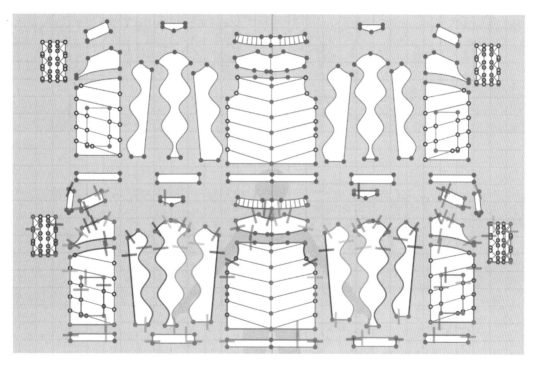

图 3-4-17　制作里料板片

（5）缝合里料与面料：选择【线缝纫】工具将里料与面料内部线全部缝合，选择
【自由缝纫】工具先在里料板片上的一点双击，将板片全部选中。在面料板片的同一
位置双击选中，完成里料和面料板片的缝合（图 3-4-18）。

4．板片安排

所涉及的功能包括【模拟】（ ）、【显示缝纫线】（ ）。选择【显示缝纫线】工
具，隐藏复杂的缝纫线（图 3-4-19）。选择【显示安排点】工具，模特周围出现安排
点（图 3-4-20）。选择【编辑板片】工具，在【2D 板片】窗口中将左右前衣片安排在

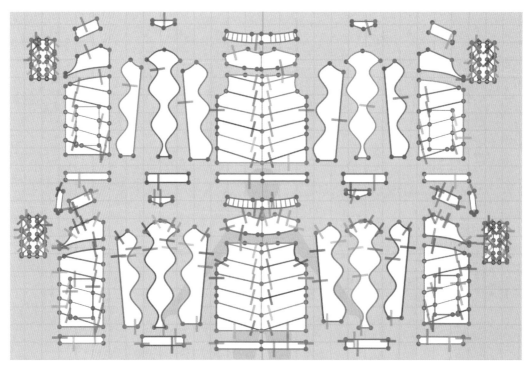

图3-4-18　缝合里料与面料

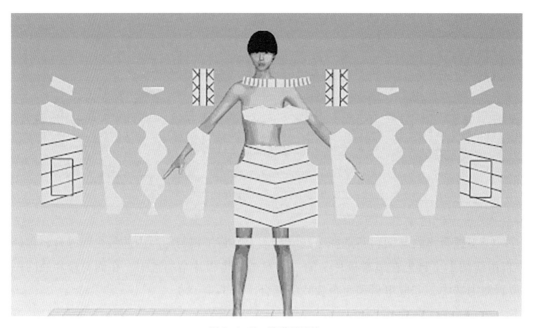

图3-4-19　隐藏缝纫线

前上身，后衣片安排在模特后身，同样方法安排里料和面料的前后各个板片［先安排里料，再安排表层面料（图3-4-21），里料要注意进行表面翻转］（图3-4-22）。

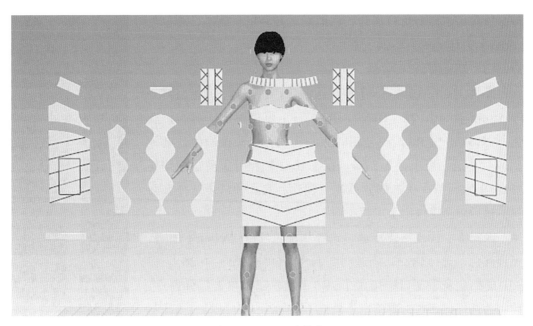

图3-4-20　显示安排点

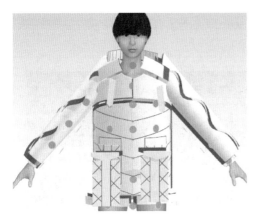

图3-4-21　安排板片

图3-4-22　里料表面翻转

5. 面料及辅料属性调整

所涉及的功能包括【拉链】（ ）、【编辑缝纫线】（ ）、【调整板片】（ ）、【纽扣】（ ）、【系纽扣】（ ）、【扣眼】（ ）。具体步骤如下：

（1）安装拉链：在3D窗口工具栏，选择【拉链】工具，进行拉链安装（图3-4-23）。

（2）调整里料：在【Library】窗口选择【Fabric】→选择面料→【PolyeSter_Talleft】，在【Object Browser】窗口中选择织物，点击所需面料→【Property Editor】→【属性】更换颜色，选择Cyan4为里料面料。在【3D虚拟化身】窗口中按住【Shift】

键，依次单击所有里料板片，将面料选择为里料面料，再单击【模拟】工具（图3-4-24）。

（3）调整面料：

面料①：在【Library】窗口选择【Fabric】→选择面料→【Matte_Nylon】，在【Object Browser】窗口中选择织物，点击所需面料→【Property Editor】→【属性】更换颜色，选择Cyan4，【透明度】改为87%。在【3D虚拟化身】窗口中按住【Shift】键，依次单击部分袖片、领片、衣片和口袋选择该面料，最后单击【模拟】工具（图3-4-25）。

面料②：同面料①步骤，选择添加【Matte_Nylon】面料，更换颜色，选择Cyan1，【透明度】改为60%（图3-4-26）。在【3D虚拟化身】窗口中按住【Shift】键，依次单击部分袖片、前衣片选择该面料，再单击【模拟】工具。

面料③：同面料①步骤，选择添加【Matte_Nylon】面料，更换颜色，选择Cyan3，【透明度】改为100%。在【3D虚拟化身】窗口中按住【Shift】键，依次单击部分袖片、前衣片，最后单击【模拟】工具（图3-4-27）。

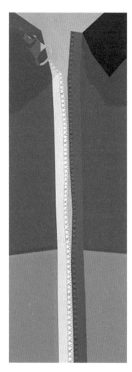

图3-4-23　安装拉链

图3-4-24　里料设置

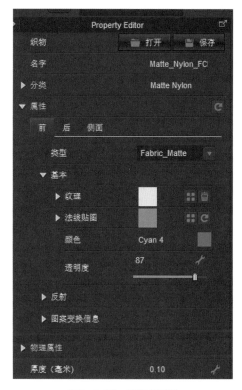

图3-4-25　面料①设置

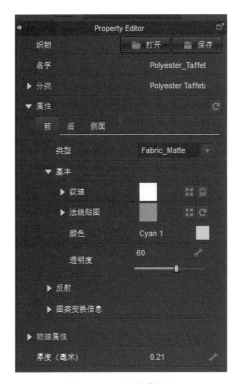

图3-4-26　面料②设置

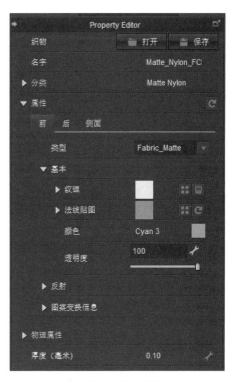

图3-4-27　面料③设置

（4）调整纽扣属性：选择【纽扣】【扣眼】工具，在相应位置安装纽扣与扣眼，再选择【系纽扣】工具分别点击纽扣及扣眼，即纽扣安装完成。在【3D虚拟化身】窗口中按住【Shift】键，依次单击所有纽扣，在【Object Browser】→【纽扣】点击纽扣，在【Property Editor】窗口更改纽扣颜色为棕色，然后单击【模拟】工具。

（5）调整服装属性：在【3D虚拟化身】窗口中按住【Shift】键，选择全部衣片，在【Object Browser】→【织物】→【Property Editor】→【模拟属性】，【粒子间距】设为20，【纬向缩率】设为95%，【经向缩率】设为97%，【增加厚度-冲突】设为5，【增加厚度-渲染】设为1，压力设为5（图3-4-28）。

6. 虚拟试衣

所涉及的功能包括【模拟】（）。完成女士短款厚外套3D制衣后，点击【模拟】工具，调整服装，3D效果如图3-4-11所示。

图3-4-28　服装属性设置

第5节 女士羽绒服设计

3.5.1 女士短款羽绒服

款式特点：该款式为女士短款羽绒服，效果图及款式图如图 3-5-1 所示，3D 效果图如图 3-5-2 所示。

图 3-5-1 女士短款羽绒服效果图及款式图

图 3-5-2 女士短款羽绒服 3D 效果图

号型设置：本款号型为160/84A的女士短款羽绒服，成品规格见表3-5-1。

表3-5-1 成品规格

单位：cm

部位	衣长	胸围	腰围	臀围	袖长
尺寸	80	93	85	90	62

1. 2D纸样导入

所涉及的功能包括【调整板片】（■）。具体步骤如下：

（1）导入板片：在主菜单中选择【文件】→【导入】→【Dxf】→【打开】，导入女士短款羽绒服Dxf文件（图3-5-3）。

（2）模特设置：选择【Library】→【Avatar】→【Female_Emma】→选择模特→【Hair】更换发型。

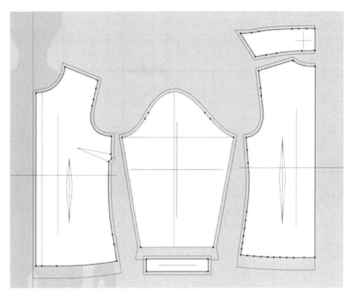

图3-5-3 2D纸样导入

2. 板片完善

所涉及的功能包括【调整板片】（■）、【编辑板片】（■）、【内部多边形/线】（■）。具体步骤如下：

（1）调整板片：选择【调整板片】工具点击所需复制的板片，单击右键选择【复制】→【镜像粘贴】，在后片需展开的一侧单击右键选择【展开】工具即可（图3-5-4）。

（2）分割线裁切：选择【内部轮廓线】工具确定公主线及其他分割线，右键单击选择切断，后片同理（图3-5-5）。

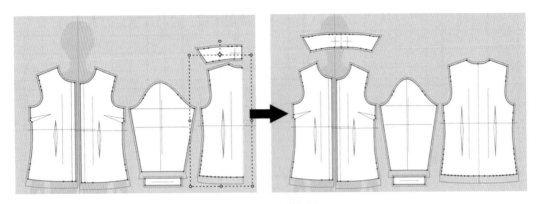

图3-5-4　调整板片

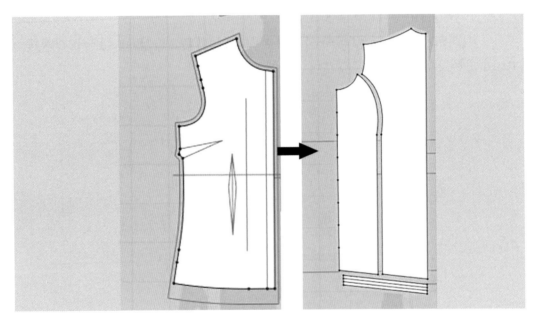

图3-5-5　分割线裁切

3. 细节刻画

所涉及的功能包括【编辑板片】（）、【内部多边形/线】（）。具体步骤如下：

（1）编辑羽绒服分割纹路：使用【内部多边形/线】工具在袖片上绘制分割线，按住【Shift】保持该条线为直线，选中该线段单击右键打开选框复制多条轮廓线，再使用【编辑板片】工具选中这些线段，单击右键选择对齐外部轮廓（图3-5-6），其他板片同理。

（2）格子纹路刻画：使用【内部多边形/线】工具画出斜线，并拖动复制，步骤同上。设定格子密度，使用【编辑板片】工具选中线条，单击右键复制拖动到肩部，删除无用线条，对齐外部轮廓，格子纹路完成（图3-5-7）。

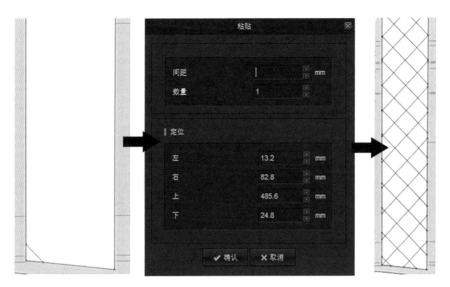

图 3-5-6　羽绒服纹路刻画

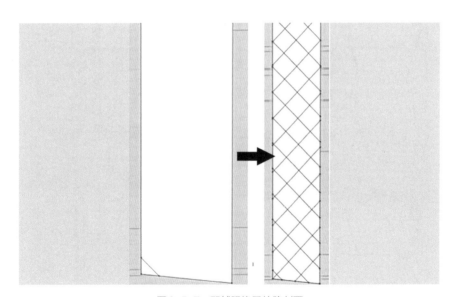

图 3-5-7　羽绒服格子纹路刻画

4. 板片缝合

所涉及的功能包括【自由缝纫】（ ）、【线缝纫】（ ）、【编辑板片】（ ）、【调整板片】（ ）。具体步骤如下：

（1）缝合现有板片：选择【线缝纫】工具缝合省道，选择【自由缝纫】工具缝合肩部板片、前后衣片、衣片下摆板片、后身装饰纹路、袖前后片及袖克夫（图 3-5-8）。

（2）复制板片：选择【调整板片】工具，框选后片、领片、袖克夫，【Ctrl+C】复制，【Ctrl+R】对称粘贴（图 3-5-9）。

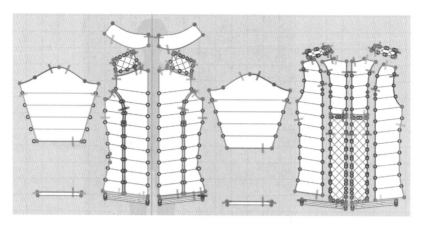

图3-5-8　板片缝纫

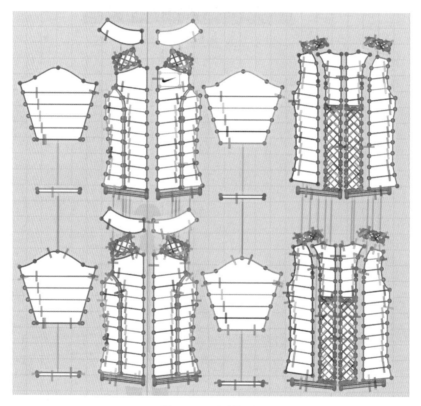

图3-5-9　复制板片

5. 板片安排

所涉及的功能包括【显示安排点】（）、【模拟】（）。单击【显示安排点】工具，虚拟模特出现安排点。选择【编辑板片】工具，在【2D板片】窗口中将前片安排于前上身，肩部板片安排在前衣片上方，左、右后片及后育克安排在模特后上身，下摆板片安排在衣片下方左右两侧，袖克夫拖动至前片外层（图3-5-10）。

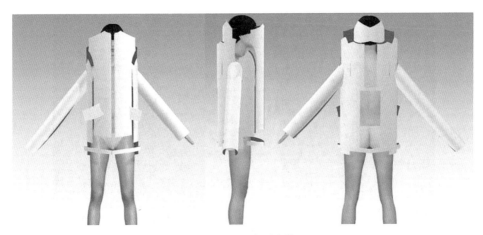

图3-5-10　板片安排

6. 成衣细节处理

所涉及的功能包括【调整板片】（）、【模拟】（）、【贴图】（）、【拉链】（）、【编辑缝纫线】（）。具体步骤如下：

（1）模拟试衣：在3D窗口工具栏选择【模拟】工具，确定板片的完整度（为后续面料压力调整，此处设置的板片偏大），完成试衣（图3-5-11）。

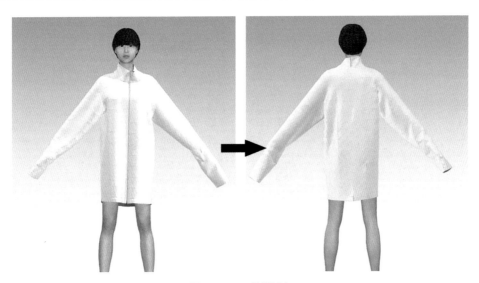

图3-5-11　模拟试衣

（2）羽绒服质感处理：选择【编辑板片】工具点击所需面料，在【Property Editor】窗口里设置面料压力值与粒子间距，前片压力设置为70，后片压力设置为-70，粒子间距为5（图3-5-12），得到效果图（图3-5-13）。

（3）面料印花处理：在2D窗口工具栏选择【贴图】工具，设置贴图尺寸（图3-5-14）。

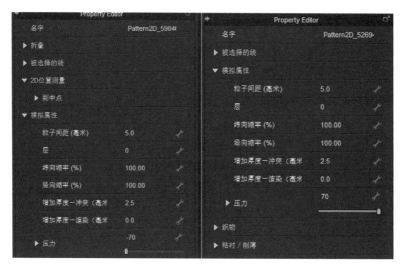

图3-5-12　面料设置

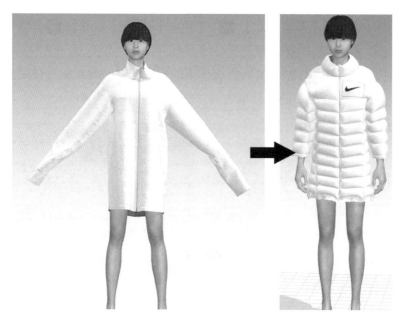

图3-5-13　面料设置前后变化效果

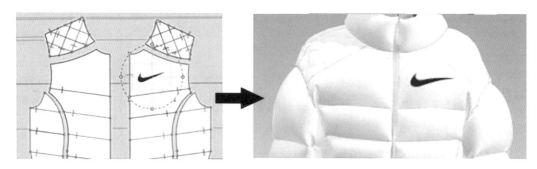

图3-5-14　贴图效果展示

（4）安装拉链：选择【调整板片】工具点击前片门襟，选择【编辑缝纫线】工具，在门襟处单击右键选择【删除缝纫线】（图3-5-15）。在3D窗口工具栏中，选择【拉链】工具，完成拉链绘制（图3-5-16）。

图3-5-15　删除缝纫线

图3-5-16　拉链安装

7. 虚拟试衣

本步骤所涉及的功能包括【模拟】。完成女士短款羽绒服3D制衣后，点击【模拟】工具，调整服装外套，最终3D效果图如图3-5-2所示。

3.5.2　女士长款羽绒服

款式特点：该款式为女士长款羽绒服，效果图及款式图如图3-5-17所示，3D效果图如图3-5-18所示。

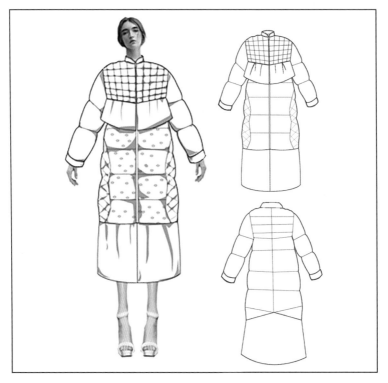

图3-5-17　女士长款羽绒服效果图及款式图

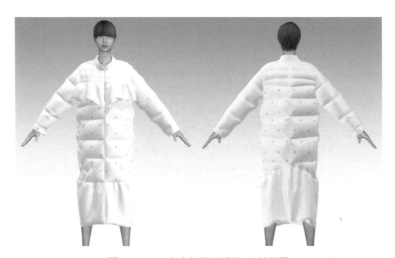

图3-5-18　女士长款羽绒服3D效果图

号型设置：本款号型为165/88A的女士长款羽绒服，成品规格见表3-5-2。

表3-5-2　成品规格

单位：cm

部位	衣长	胸围	腰围	肩宽	袖长	袖口围
尺寸	90	100	115	40	61	25

1. 2D 纸样导入

所涉及的功能包括【调整板片】(▨)、【内部多边形线】(▨)。具体步骤如下：

（1）导入板片：在主菜单中选择【文件】→【导入】→【Dxf】→【打开】，导入女士长款羽绒服 2D 纸样的 Dxf 文件（图 3-5-19）。

（2）模特设置：选择【Library】→【Avatar】→【Female_Emma】→选择模特→【Hair】更换发型。

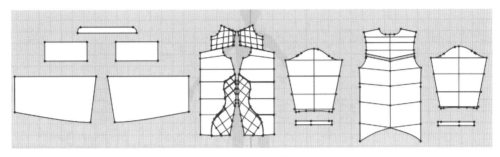

图3-5-19　2D纸样导入

2. 板片完善

所涉及的功能包括【调整板片】(▨)、【内部多边形线】(▨)。选择相应板片进行复制【Ctrl+C】、对称粘贴【Ctrl+R】。使用【调整板片】工具将 2D 板片进行移动排板。使用【内部多边形线】工具绘制前片、后片、前片左右装饰片、袖片的分割缝制线（图 3-5-20）。

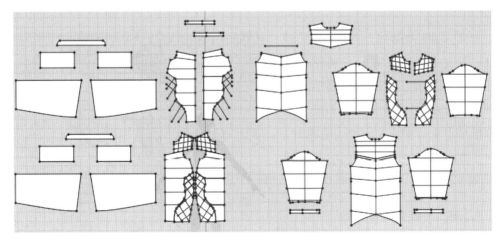

图3-5-20　分割线绘制

3. 板片缝合

所涉及的功能包括【自由缝纫】(▨)、【线缝纫】(▨)、【编辑板片】(▨)。具体步骤如下：

（1）表层板片缝合：选择【线缝纫】工具分别缝合前后片侧缝、肩线、左右袖片侧缝、袖口侧缝、袖口与袖片、领片。选择【自由缝纫】工具分别缝纫袖窿和袖子、前领片与衣片。

（2）里料与表层板片缝合：选择【线缝纫】工具将里料与面料内部线全部缝合，选择【自由缝纫】工具先将里料板片上的一点双击，将板片全部选中，在面料板片的同一位置双击选中，完成里料和面料板片缝合（图3-5-21）。

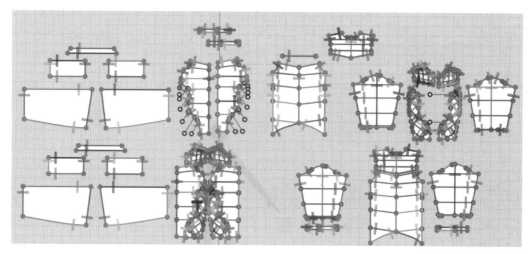

图3-5-21　板片缝合

4. 板片安排

所涉及的功能包括【显示安排点】（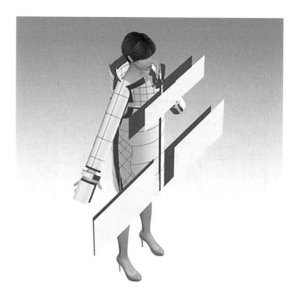）、【模拟】（ ）。选择【显示安排点】工具，虚拟化身周围出现安排点。选择【编辑板片】工具，在【2D板片】窗口中将左前片、右前片、后片、袖子及领子安排至相应模特周围（图3-5-22）。

5. 面料及辅料属性调整

所涉及的功能包括【嵌条】（ ）、【编辑嵌条】（ ）、【拉链】（ ）、【模拟】（ ）。具体步骤如下：

（1）安装拉链：在3D窗口工具

图3-5-22　板片安排

栏，选择【拉链】工具，单击【3D虚拟化身】窗口的左前片门襟上端，接着双击左前片门襟下端点，右前片门襟同理，最后选择【模拟】工具（图3-5-23）。

（2）嵌条安装：在3D窗口工具栏，选择【嵌条】工具，先单击衣身领片一端，再双击领片另一端点，领口嵌条安装完成（图3-5-24）。点击任意一个袖口的缝合点，鼠标绕该袖口一周后再次双击左袖口缝合点。袖口嵌条安装完成。另一袖口处理同理，最后选择【模拟】工具完成模拟。

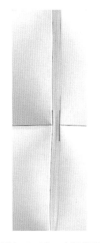

图3-5-23　安装拉链

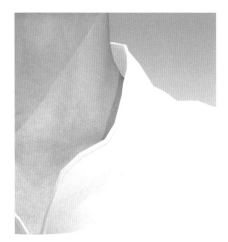

图3-5-24　嵌条安装

6. 面料属性调整

　　所涉及的功能包括【编辑板片】（ ）。具体步骤如下：

（1）填充羽绒：选择所有表层面料，在【Object Browser】窗口选择【织物】→【Property Editor】→【模拟属性】，调整织物属性。表面袖片压力为3（图3-5-25），前后衣片压力为15，后育克压力为10，前后装饰片压力为0。

（2）面料图案设置：选择【调整板片】工具，在【2D板片】窗口中选择所有板片，在【Library】窗口选择【Fabric】→【Nylon】，在菜单栏中选择【素材】→【图形】→【贴图（2D板片）】，将绘制好的面料图案，安排在板片上，如图3-5-26所示。点击袖克夫和领片，在织物纹理中选择

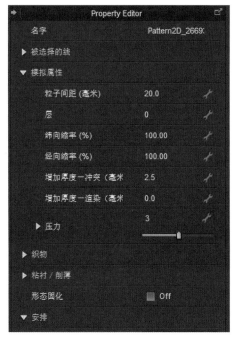

图3-5-25　外袖片属性调整

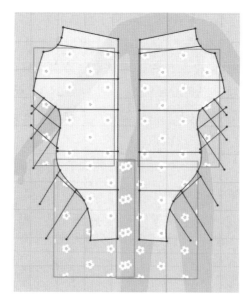

图3-5-26 面料图案设置

【Cotton】，调整面料属性，使织物模拟罗纹效果。

7. 虚拟试衣

所涉及的功能包括【模拟】（▼）。选择【模拟】工具，完成羽绒服模拟，最终3D效果如图3-5-18所示。

思考题

1. 试设置女士真丝衬衫面料属性。
2. 试设置羽绒服面料压力大小。
3. 试使用CLO 3D 5.0绘制一款女士夏日连衣裙。
4. 试使用CLO 3D 5.0绘制一款女士高腰双排扣休闲裤。
5. 试使用CLO 3D 5.0绘制一款带帽长袖羽绒服。

课程实践

第4章 男款服装设计案例

课题内容: 男士衬衫设计
男士裤装设计
男士西装设计
男士外套设计
男士运动套装设计

课题时间: 10课时

教学目的: 通过对5款男士服装案例的说明,使读者深化软件工具的使用方法,根据案例进行练习及制作3D走秀视频。

教学方式: 讲授法及实践法。

教学要求: 1. 通过对男款服装设计案例的学习,使读者能更加熟练地使用软件工具及认识新的制作方法。

2. 通过对男款服装设计案例的学习,使读者能自主设计并使用软件进行服装3D制作。

3. 通过对男款服装设计案例的学习,能自主设计并使用此软件进行服装3D制作,同时能够应用到3D走秀视频中。

第1节　男士衬衫设计

　　款式特点：该款式为男士衬衫，效果图及款式图如图4-1-1所示，3D效果图如图4-1-2所示。

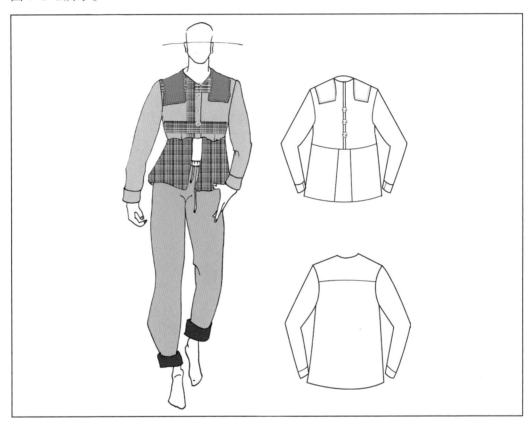

图4-1-1　男士衬衫效果图及款式图

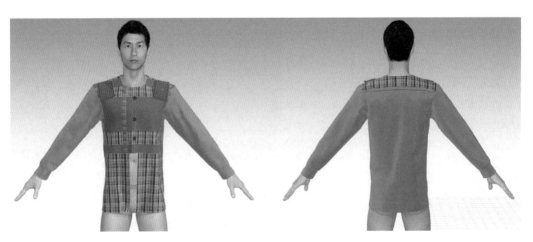

图4-1-2　男士衬衫3D效果图

号型设置：本款号型为170/88A的男士衬衫，成品规格见表4-1-1。

表4-1-1　成品规格　　　　　　　　　　　　　　　　　　　　单位：cm

部位	衣长	胸围	腰围	肩宽	背长	领围	袖长	袖口围
尺寸	74	106	93	45.6	42.5	40	58.5	24

1. 2D纸样导入

所涉及的功能包括【调整板片】（▨）。具体步骤如下：

（1）导入板片：选择【文件】→【导入】→【Dxf】→【打开】，导入男士衬衫纸样的Dxf文件（图4-1-3）。

（2）模特设置：选择【Library】→【Avatar】→【Male_Martin】→选择模特。

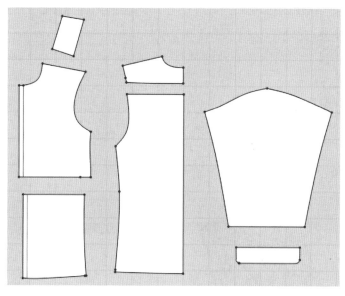

图4-1-3　2D纸样导入

2. 板片完善

所涉及的功能包括【多边形】（▨）、【内部多边形/线】（▨）、【自由明线】（✐）、【编辑板片】（▨）。具体步骤如下：

（1）绘制前片过肩拼布：选择【多边形】工具并点击，依次点击过肩拼布四点，在最后点双击左键结束绘制（图4-1-4）。

（2）编辑过肩拼布明线：在【2D板片】窗口点击拼布板片，点击【内部多边形/线】工具，绘制过肩拼布为内部线，选择【自由明线】工具绘制过肩拼布的明线（点击内部三条线即可绘制）（图4-1-5）。

（3）板片展开：选择【编辑板片】工具，单击后中线，并在线上单击右键，在弹出菜单中选择展开。选择【调整板片】工具，选择肩育克，单击右键选择镜像复制（图4-1-6）。

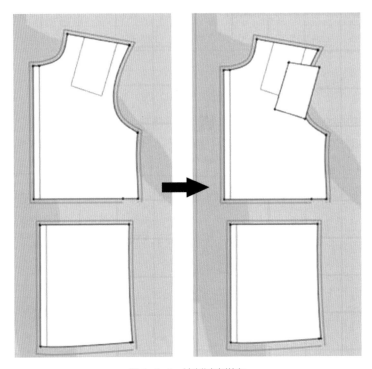

图4-1-4　绘制过肩拼布

图4-1-5　绘制明线

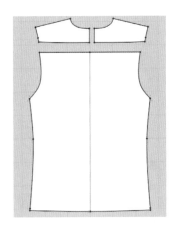

图4-1-6　板片展开

3. 板片缝合

所涉及的功能包括【自由缝纫】（■）、【线缝纫】（■）、【调整板片】（■）。具体步骤如下：

（1）缝合现有板片：选择【自由缝纫】工具，缝合前片过肩、侧缝与袖窿，选择【线缝纫】工具，缝合肩线与袖片（图4-1-7）。

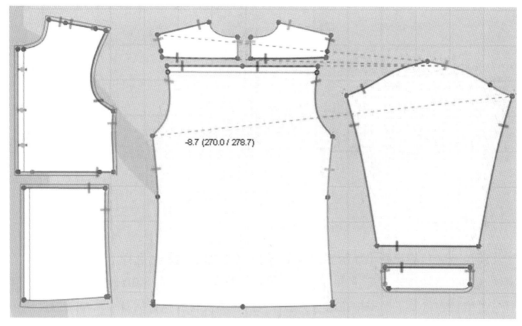

图4-1-7　缝合现有板片

（2）复制板片：选择【调整板片】工具，框选前片及前片过肩拼布、袖片以及袖克夫，【Ctrl+C】复制，【Ctrl+R】对称粘贴（图4-1-8）。

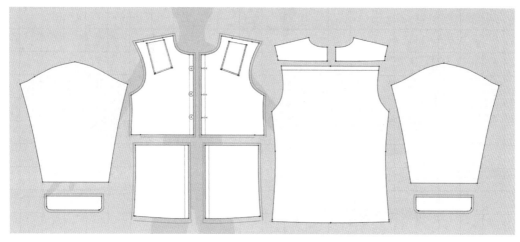

图4-1-8　复制板片

（3）缝合剩余板片：对称复制后，缝纫线迹部分也被复制，但部分缝纫线需完善。继续缝合前后肩线、侧缝线、前片上下部分、袖片与后袖窿弧线（图4-1-9）。

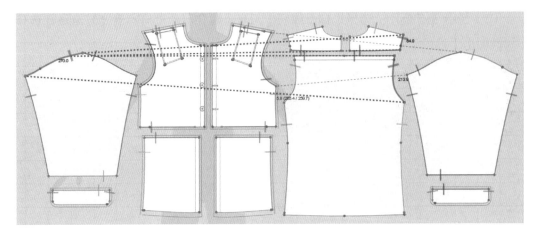

图4-1-9　缝合剩余板片

4. 板片安排

所涉及的功能包括【显示安排点】（ ）、【模拟】（ ）。选择【显示安排点】工具，虚拟化身周围出现安排点。选择【编辑板片】工具，在【2D板片】窗口中将前片、过肩拼布以及下摆安排在前身，后片及后育克安排在模特后身，袖片及袖克夫安排在模特手臂周围（图4-1-10）。

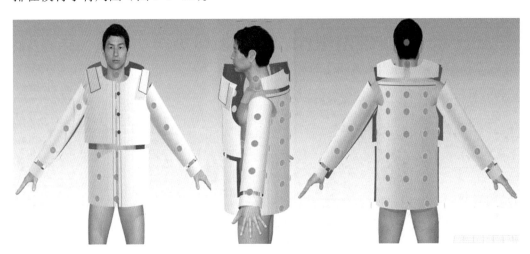

图4-1-10　板片安排

5. 面料及辅料属性调整

所涉及的功能包括【线缝纫】（ ）、【纽扣】（ ）、【扣眼】（ ）、【系纽扣】（ ）、【模拟】（ ）。具体步骤如下：

（1）安装纽扣：选择【线缝纫】工具，缝合门襟两条内部线，在3D窗口工具栏单击【模拟】工具，虚拟效果如图4-1-11所示。在3D窗口工具栏选择【纽扣】工具，在服装对应位置单击完成纽扣安装；选择【扣眼】工具，在服装对应位置单击，完成扣眼设置；最后选择【系纽扣】工具，将纽扣与扣眼系在一起。采用同样方法安装第二、第三个纽扣，最后点击【模拟】工具（图4-1-12）。

（2）调整过肩拼布：在【3D虚拟化身】窗口中按住【Shift】键，依次单击左右过肩拼布，在【Library】窗口选择【Fabric】→选择面料→【Cotton】，在【Object Browser】窗口中选择织物，点击所需面料→【Property Editor】→【属性】更换颜色，选择橙色，然后单击【模拟】工具（图4-1-13）。

（3）调整剩余板片：重复"调整过肩拼布"的步骤，完成前片上部、前片下摆、袖子、袖克大、后片及育克的面料属性调整。面料均选择【Cotton】，其中，前片上部、前片下摆及育克的织物属性调节其【纹理】，并选择相应花纹图案。最终效果如图4-1-14所示。

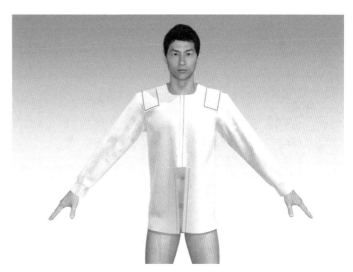

图4-1-11　缝合门襟试衣效果

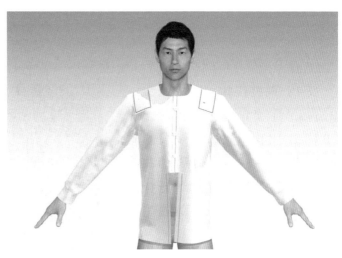

图4-1-12　安装纽扣

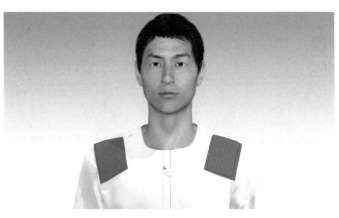

图4-1-13　调整橙红色过肩拼布

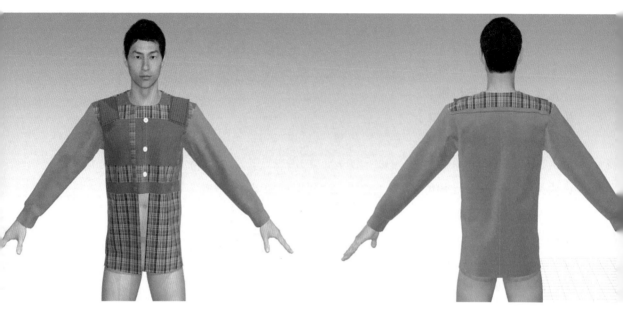

图4-1-14　调整剩余板片

（4）调整纽扣：在【Object Browser】窗口选择纽扣，打开【Property Editor】窗口，选择【属性】，点击【颜色】，选择适合的蓝色，选择【纹理】，在桌面选择衬衫面料做一个包扣。然后单击【模拟】工具（图4-1-15）。

6. 虚拟试衣

所涉及的功能包括【模拟】（⬇）。使用【模拟】工具完成3D静态模拟，并通过抓手整理衬衫（图4-1-2）。

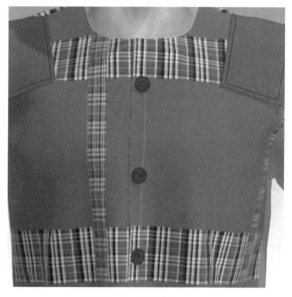

图4-1-15　调整纽扣

第2节　男士裤装设计

款式特点：该款式为男士裤装，效果图及款式图如图4-2-1所示，3D效果图如图4-2-2所示。

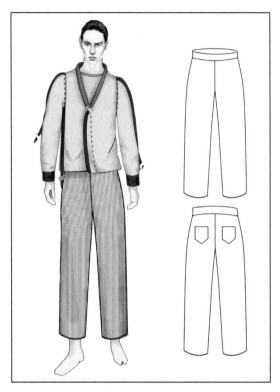

图4-2-1　男士裤装效果图及款式图

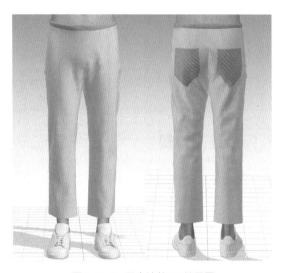

图4-2-2　男士裤装3D效果图

号型设置：本款号型为175/82A的男士裤装，成品规格见表4-2-1。

表4-2-1　成品规格　　　　　　　　　　　　　　　单位：cm

部位	裤长	裤口围	腰围	臀围
尺寸	100	25	84	107

1. 2D纸样导入

所涉及的功能包括【调整板片】（■）。具体步骤如下：

（1）导入板片：在菜单栏中选择【文件】→【导入】→【Dxf】→【打开】，导入男士裤装2D纸样的Dxf文件（图4-2-3）。

（2）模特设置：选择【Library】→【Avatar】→【Male_Martin】→选择模特。

2. 板片完善

所涉及的功能包括【内部线多边形】（■）。具体步骤如下：

（1）绘制内部线：选择【内部线多边形】工具，右键单击口袋，选择克隆为内部线，将内部线放置于裤后片相应位置（图4-2-4）。

（2）纸样复制：按住【Shift】键，将所有板片选中，【Ctrl+C】复制，【Ctrl+R】对称粘贴（图4-2-5）。

3. 板片缝合

所涉及的功能包括【自由缝纫】（■）、【线缝纫】（■）、【编辑板片】（■）。具体步骤如下：

（1）线缝纫板片：选择【线缝纫】工具缝合省道、口袋（口袋上端不缝）。

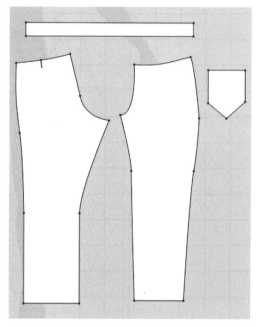

图4-2-3　2D纸样导入

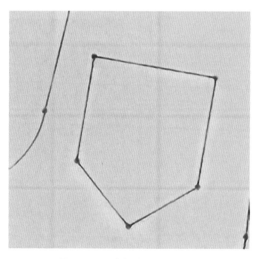

图4-2-4　内部线设置

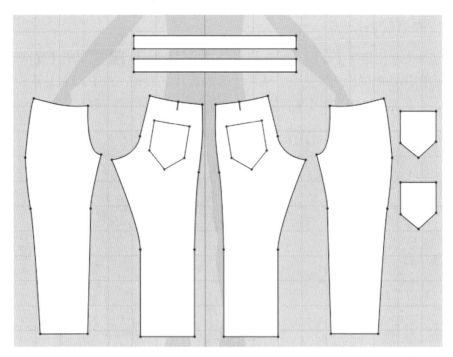

图4-2-5　纸样复制

（2）自由缝纫板片：选择【自由缝纫】工具缝合侧缝、裤腰头、裤腰头与裤片（图4-2-6）。

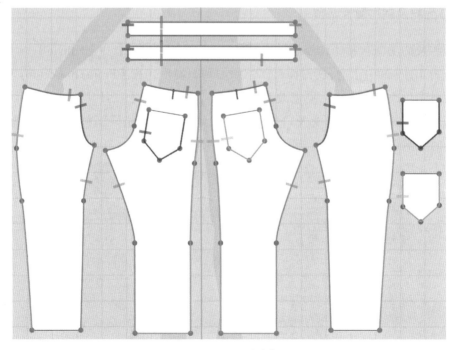

图4-2-6　板片缝合

4．板片安排

所涉及的功能包括【显示安排点】（）、【编辑板片】（）。单击【显示安排点】工具，虚拟模特周围出现安排点。选择【编辑板片】工具，在【2D板片】窗口中将前裤片、后裤片、口袋及腰头安排在模特相应位置（图4-2-7）。

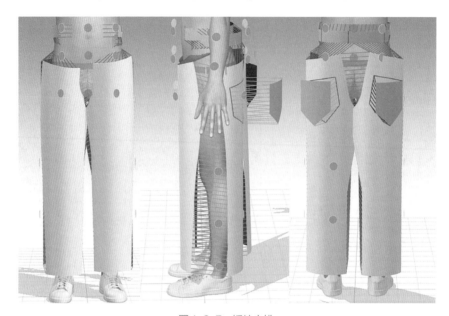

图4-2-7　板片安排

5．面料及辅料属性调整

所涉及的功能包括【调整板片】（）。选择【Library】→【Fabric】→【Raw_Denim_FCL1PSD001】，将所需面料属性添加到织物栏，在【Property Editor】窗口将添加面料颜色改为浅白色，厚度改为1。选择【调整板片】工具，点击前、后裤片应用此面料（图4-2-8）。腰头及口袋处理方式同上，添加相同面料，颜色改为灰色，选择斜向图案（图4-2-9）。

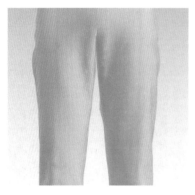

图4-2-8　裤片面料设置

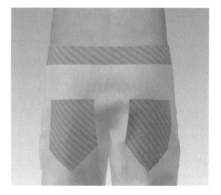

图4-2-9　口袋、腰头面料设置

6. 虚拟试衣

所涉及的功能包括【应力图】（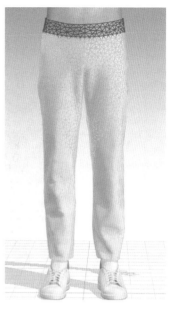）、【模拟】（　）。选择【模拟】工具，查看效果并适当调整，再选择【应力图】工具，查看裤子是否合体（图4-2-10），男士裤装最终的3D效果图如图4-2-2所示。

第3节　男士西装设计

款式特点：该款式为男士西装，效果图及款式图如图4-3-1所示，3D效果图如图4-3-2所示。

图4-2-10　裤子合身检查

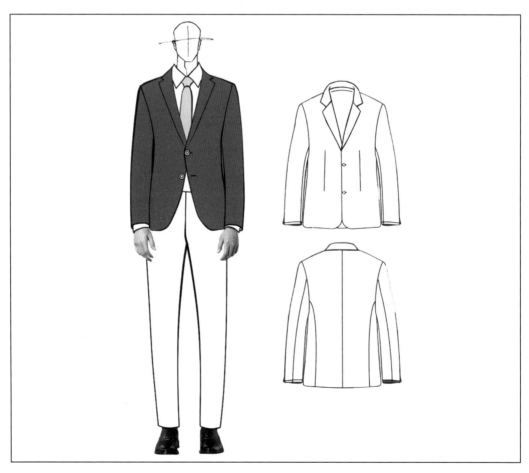

图4-3-1　男士西装效果图及款式图

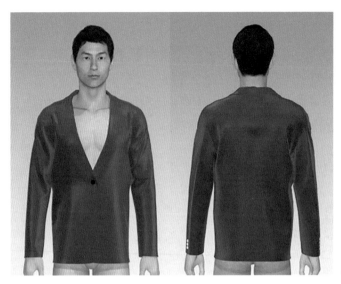

图4-3-2　男士西装3D效果图

号型设置：本款号型为180/96A的男士西装，成品规格见表4-3-1。

表4-3-1　成品规格

单位：cm

部位	胸围	腰围	肩宽	袖长	后中长
尺寸	108	97	45.2	63.2	74

1. 2D纸样导入

所涉及的功能包括【调整板片】（▨）。具体步骤如下：

（1）导入板片：在菜单栏中选择【文件】→【导入】→【Dxf】→【打开】，导入男士西装纸样的Dxf文件，选择【调整板片】工具，移动板片至合适位置（图4-3-3）。

（2）模特设置：选择【Library】→【Avatar】→【Male_Martin】→选择模特。

2. 板片缝合

所涉及的功能包括【自由缝纫】（▨）、【线缝纫】（▨）、【调整板片】（▨）。具体步骤如下：

（1）缝合现有板片：选择【自由缝纫】缝合领片、侧缝、袖窿与袖片，选择【线缝纫】缝合肩线和袖片（图4-3-4）。

（2）复制板片：选择【调整板片】工具，框选前片、后片、侧后片，【Ctrl+C】复制，【Ctrl+R】对称粘贴复制板片（图4-3-5）。

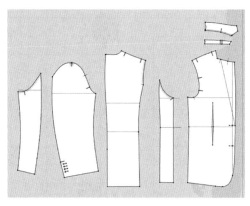

图4-3-3　2D纸样导入

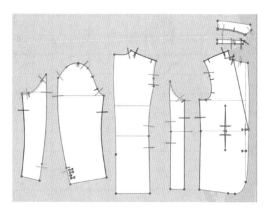

图4-3-4　缝合现有板片

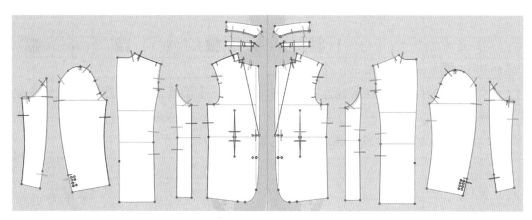

图4-3-5　复制板片

（3）缝合剩余板片：对称复制后，缝纫线迹部分也被复制，但部分缝纫线需完善。需再缝合左右领座、左右领面、左右后衣片及省（图4-3-6）。

3. 板片安排

所涉及的功能包括【显示安排点】（🔲）。单击【显示安排点】工具，

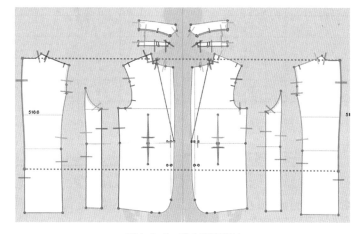

图4-3-6　缝合所有板片

虚拟模特周围出现安排点。选择【编辑板片】工具，在【2D板片】窗口中将前片、后片、袖片及领座和领面安排至模特相应位置（图4-3-7）。

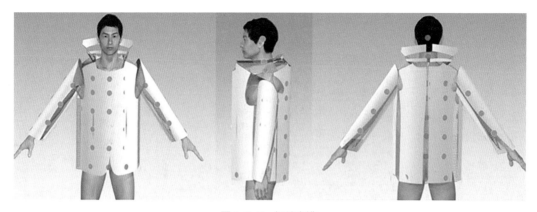

图 4-3-7 板片安排

4．面料及辅料属性调整

所涉及的功能包括【归拔】（🔲）、【线缝纫】（🔳）、【纽扣】（🔘）、【扣眼】（➖）、【系纽扣】（🔘）。具体步骤如下：

（1）归拔板片：在 2D 窗口工具栏中选择【归拔】工具，在【归拔器】窗口调整【收缩率】为 –3，调整【尺寸】为 100，【渐变】为 70%。点击左袖片袖窿弧线上的归拔点 A（图 4-3-8），归拔前后 3D 效果对比如图 4-3-9 所示。

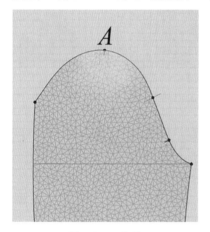

图 4-3-8 归拔

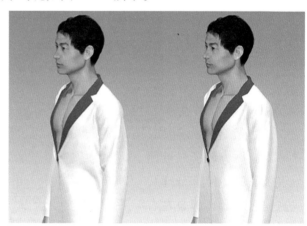

图 4-3-9 归拔前（左）与归拔后（右）对比

（2）安装纽扣：在 3D 窗口工具栏选择【纽扣】工具，点击服装对应位置完成纽扣安装；选择【扣眼】工具，在服装对应位置完成扣眼设置；选择【系纽扣】工具，将纽扣与扣眼系在一起；最后点击【模拟】工具完成模拟（图 4-3-10）。

（3）面料调整：在【Library】窗口选择【Fabric】→选择面料→【Shiny】，在【Object Browser】窗口中选择织物，点击所需面料→【Property Editor】→【属性】更换颜色，选择紫色。在【3D 虚拟化身】窗口中按住【Shift】键，选择所有衣片为此面料，再单击【模拟】工具（图 4-3-11）。

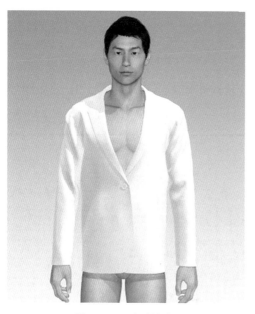
图4-3-10　调整纽扣

图4-3-11　西装调整后

图4-3-12　纽扣调整后

（4）调整纽扣：在【Object Browser】窗口选择纽扣，打开【Property Editor】窗口，选择【属性】，点击【颜色】，选择黑色。然后单击【模拟】工具（图4-3-12）。

5. 虚拟试衣

所涉及的功能包括【模拟】（ ▼ ）。选择【模拟】工具，调整服装后，得到最终的3D效果如图4-3-2所示。

第4节　男士外套设计

　　款式特点：该款式为男士外套，效果图及款式图如图4-4-1所示，3D效果图如图4-4-2所示。

图4-4-1　男士外套效果图及款式图

图4-4-2　男士外套3D效果图

号型设置：本款号型为170/92A的男士外套，成品规格见表4-4-1。

表4-4-1　成品规格　　　　　　　　　　　　　　　　　　　单位：cm

部位	衣长	胸围	腰围	肩宽	背长	领围	袖长
尺寸	100	98	84	45	40	40	65

1. 2D纸样导入

所涉及的功能包括【调整板片】（◢）。具体步骤如下：

（1）导入板片：在菜单栏中选择【文件】→【导入】→【Dxf】→【打开】，导入男士外套的Dxf文件，选择【调整板片】工具移动板片（图4-4-3）。

（2）模特设置：选择【Library】→【Avatar】→【Male_Martin】→选择模特。

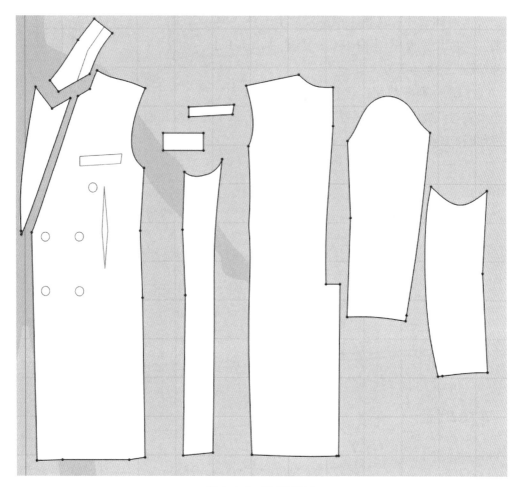

图4-4-3　2D纸样导入

2．板片完善

所涉及的功能包括【多边形】（■）、【调整板片】（■）。选择【内部多边形/线】工具绘制内部线，再选择【自由明线】工具进行内部线明线绘制（图4-4-4）。

3．板片缝合

所涉及的功能包括【自由缝纫】（■）、【线缝纫】（■）、【调整板片】（■）。具体步骤如下：

（1）缝合现有板片：选择【自由缝纫】工具，缝合前片与后片侧缝线、袖窿弧线与袖片、领片与衣片，选择【线缝纫】工具缝合领片、袖片侧缝线。

（2）对称板片：选择【调整板片】工具，框选前片、后片等板片，【Ctrl+C】复制，【Ctrl+R】对称粘贴（图4-4-5）。

（3）缝合剩余裁片：选择【线缝纫】工具，

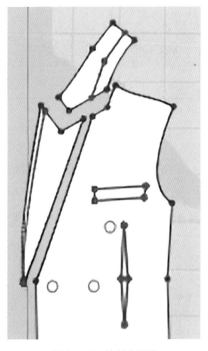

图4-4-4　绘制内部线

缝合口袋与口袋内部线、腰省、前后片肩线。以上左右板片操作步骤相同，板片缝合完成如图4-4-6所示。

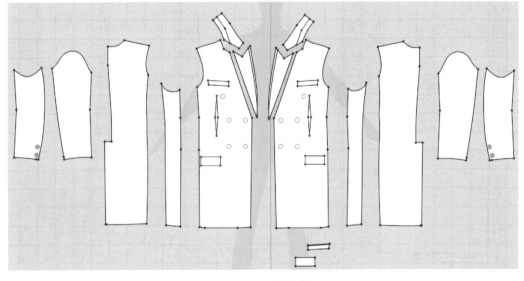

图4-4-5　对称板片

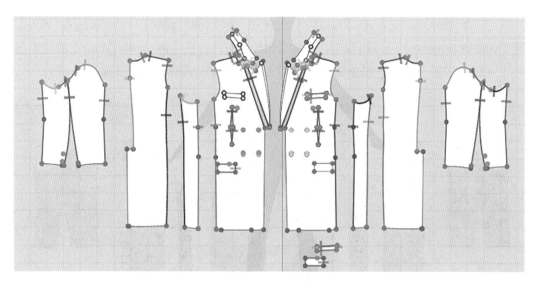

图4-4-6　板片缝合完成

4. 板片安排

所涉及的功能包括【选择/移动】（＋）、【调整板片】（▨）、【显示安排点】（⣿）。单击【显示安排点】工具，虚拟化身周围出现安排点。选择【编辑板片】工具，在【2D板片】窗口中将前片、后片、袖片以及领片安排在相应模特周围（领面正面需对着模特，即领子正面对着模特，保证翻折后，面料正面朝上）（图4-4-7）。

图4-4-7　板片安排

5. 面料及辅料属性调整

所涉及的功能包括【模拟】（⬇）。具体步骤如下：

（1）面料更换：在【2D板片】窗口选择相应板片，在【Library】窗口选择【Fabric】→【Silk】添加至【Object Browser】窗口中，在【Object Browser】窗口中选择添加的织物，在【Property Editor】窗口点击【纹理】，将面料图片拖入弹出的文件框里（可利用PS工具制作自己所需面料的纹理图片）。

（2）面料属性调整：选择相应服装板片进行面料属性调整，面料均选择【Silk】。在【Object Browser】窗口织物中，复制【Silk】面料，在【Property Editor】窗口中删除【纹理】图案，设置色彩为黑色，应用于剩余板片。最终效果如图4-4-8所示。

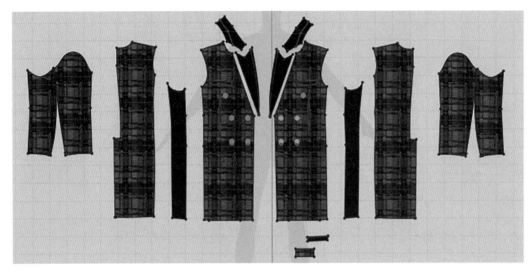

图4-4-8　面料调试效果图

（3）纽扣设置：在3D板片工具栏点击【模拟】工具，选择【纽扣】工具，在外套前片确定纽扣位置；选择【扣眼】工具，在对应位置设置扣眼；选择【系纽扣】工具，将纽扣与扣眼系上。

6. 虚拟模拟

所涉及的功能包括【模拟】（ ⬇ ）。在【3D虚拟化身】窗口用抓手工具调整外套，最终3D效果如图4-4-2所示。

第5节　男士运动套装设计

款式特点：该款式为运动套装，效果图及款式图如图4-5-1所示，3D效果图如图4-5-2所示。

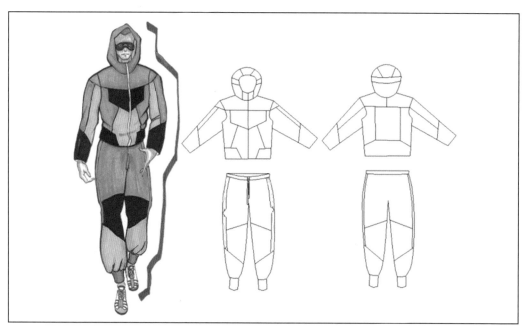

图4-5-1　男士运动套装效果图及款式图

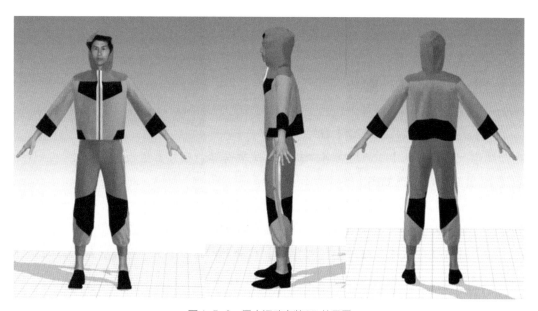

图4-5-2　男士运动套装3D效果图

号型设置：本款号型为175/88A的男士运动套装，成品规格见表4-5-1。

表4-5-1　成品规格　　　　　　　　　　　　　　　　　　单位：cm

部位	衣长	胸围	肩宽	袖长	袖口围	裤长	腰围
尺寸	53	100	46	55	35	105	84

4.5.1 上装部分

1. 2D纸样导入

所涉及的功能包括【调整板片】（▨）。具体步骤如下：

（1）导入板片：在菜单栏中选择【文件】→【导入】→【Dxf】→【打开】，导入男士运动套装上衣纸样的Dxf文件，选择【调整板片】工具移动板片，调整板片位置，放置于模特周围（图4-5-3）。

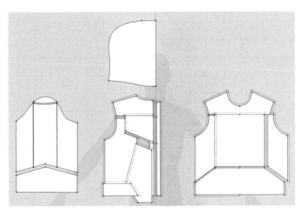

图4-5-3　2D纸样导入

（2）模特设置：选择【Library】→【Avatar】→【Male_Martin】→选择模特。

2. 板片缝合

所涉及的功能包括【自由缝纫】（▨）、【线缝纫】（▨）、【调整板片】（▨）。具体步骤如下：

（1）缝合现有板片：选择【自

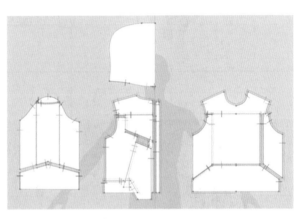

图4-5-4　板片缝合

由缝纫】及【线缝纫】工具缝合各个板片（此案例缝合板片数量较多，具体缝合不再赘述）。缝合完成情况如图4-5-4所示。

（2）复制板片：选择【调整板面】工具点击前片、袖片和帽片，单击右键选择复制，在合适的地方单击右键，选择镜像粘贴。点击【调整板片】工具调整板片（图4-5-5）。

（3）缝合剩余板片：选择【自由缝纫】或是【线缝纫】工具检查缝合漏掉的部分并缝合所需部位（图4-5-6），并复制【Ctrl+C】、对称粘贴【Ctrl+R】袖子、前片及帽子板片。

3. 板片安排

所涉及的功能包括【重置2D安排位置】（▨）、【显示安排点】（▨）、【选择/移动】（▨）、【模拟】（▨）。选择【显示安排点】工具，虚拟化身周围出现安排点。选择【选择/移动】工具安排板片位置，选择【重置2D安排位置】工具，重置安排位置将2D板片放置在模特周围（图4-5-7）。选择【模拟】工具完成模拟（图4-5-8）。

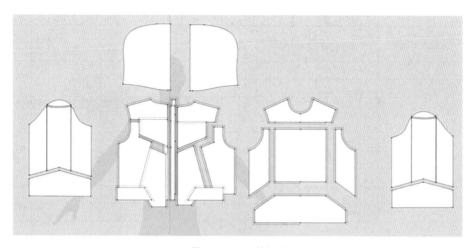

图4-5-5　调整板片

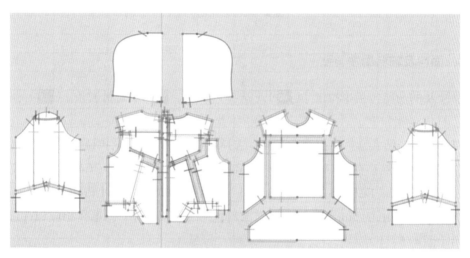

图4-5-6　缝合剩余板片

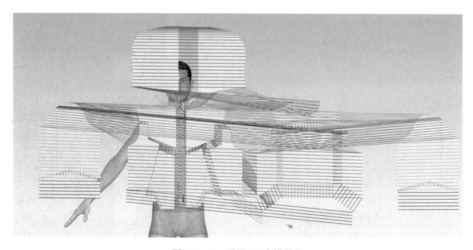

图4-5-7　重置2D安排位置

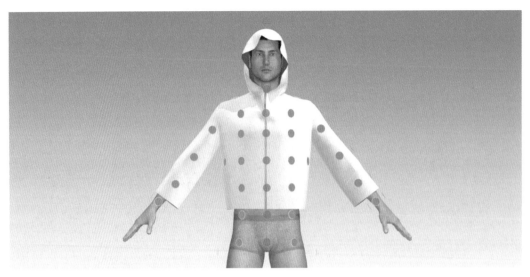

图4-5-8 虚拟试衣

4. 面料及辅料属性调整

所涉及的功能包括【拉链】(图标)、【选择/移动】(![])、【编辑嵌条】(![])、【嵌条】(![])。具体步骤如下：

（1）安装拉链：选择【拉链】工具，选择两边门襟线，完成拉链安装（图4-5-9）。

（2）面料设置：在【Library】→【Fabric】，添加【14_Wale_Corduroy_FCL1PS】【50_Cotton_Poplin_FCL1PS】【Metton_FCL1ps003】添加织物在【Property Editor】窗口中，在【Property Editor】窗口中调整面料色彩（图4-5-10）。选择相应板片进行面料应用（图4-5-11）。

图4-5-9 安装拉链

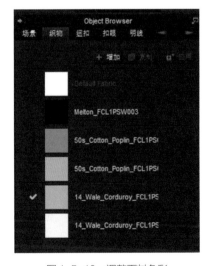

图4-5-10 调整面料色彩

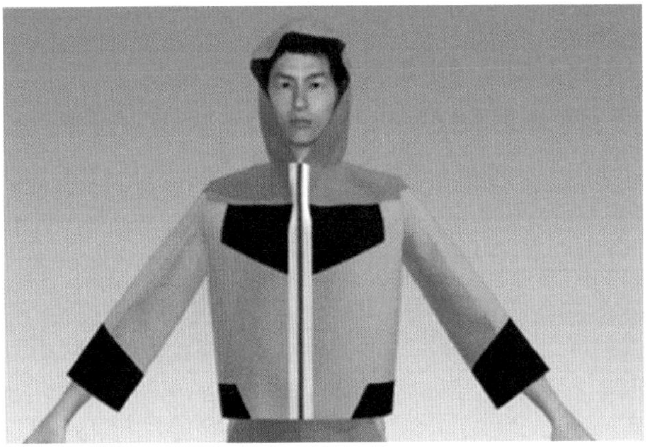

图4-5-11　面料应用

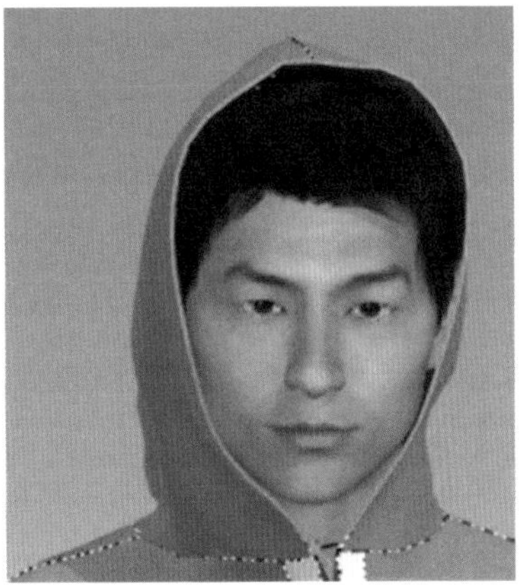

图4-5-12　安装嵌条
（嵌条被选中时呈蓝色）

（3）安装嵌条：选择【嵌条】工具，选择起点，中间可单击嵌条安装的任意位置确定路径，选择末端双击确定生成嵌条（图4-5-12）。可选择【编辑嵌条】工具调整嵌条。再设置嵌条颜色与帽子颜色一致。

5. 保存文件

在菜单栏中选择【文件】→【另存为】→【服装】。

4.5.2　下装部分

1. 2D纸样导入

在菜单栏中选择【文件】→【导入】→【Dxf】→【打开】另起一个窗口，导入裤片的Dxf文件。

2. 板片调整

所涉及的功能包括【调整板片】（ ）。选择【调整板片】工具调整板片位置，放置于模特周围（图4-5-13）。

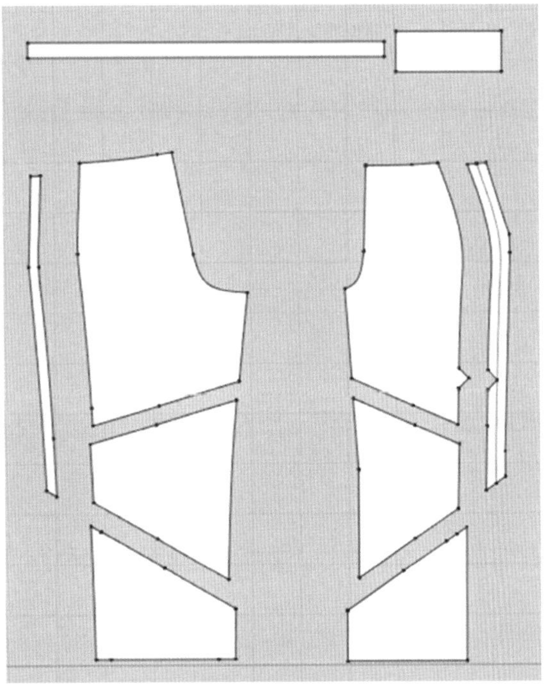

图4-5-13　调整板片位置

3. 板片缝合

所涉及的功能包括【调整板片】

（▰）、【自由缝纫】（▰）、【线缝纫】（▰）。具体步骤如下：

（1）缝合板片：选择【自由缝纫】或【线缝纫】工具缝合各个板片。

（2）复制板片：选择【调整板片】框选出除腰头以外的板片，【Ctrl+C】复制，【Ctrl+R】对称粘贴（图4-5-14）。

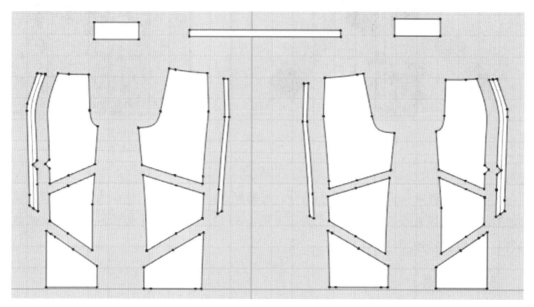

图4-5-14　复制板片

（3）缝合剩余板片：选择【自由缝纫】或【线缝纫】工具检查缝合漏掉的部分，例如腰头、裆部等（图4-5-15）。

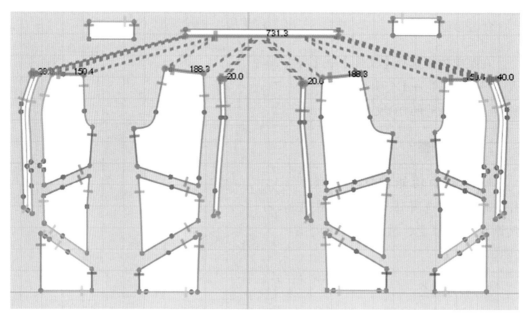

图4-5-15　缝合剩余板片

4.　板片安排

所涉及的功能包括【选择/移动】（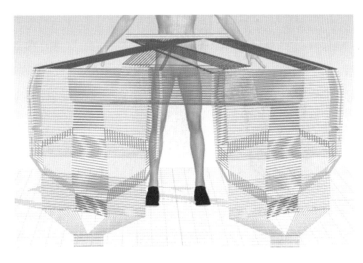 图标）、【重置2D安排位置】（图标）、【显示安排点】（图标）、【模拟】（图标）。选择【重置2D安排位置】工具，将板片放置在模特周围（图4-5-16）。选择【选择/移动】工具安排板片位置（图4-5-17）。选择【显示安排点】工具，虚拟化身周围出现安排点进行板片安排，最后选择【模拟】工具缝合穿着（图4-5-18）。

图4-5-16　重置2D安排位置

5.　面料及辅料属性调整

所涉及的功能包括【选择/移动】（图标）。具体步骤如下：

（1）选择面料：选择【Library】→【Fabric】→【14-Wal…zfab】面料，添加到【Object Browser】窗口中，在【Property Editor】中调整颜色，其他面料同理（图4-5-9）。

（2）调整织物：选择【选择/移动】工具点击相应板片，在【织物】栏里选择织物，效果如图4-5-19所示。

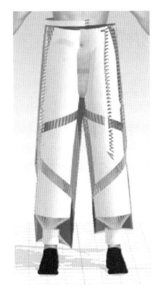

图4-5-17　调整样片位置

图4-5-18　虚拟试衣

图4-5-19　设置面料

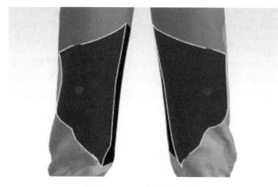

图4-5-20　选择多块板片

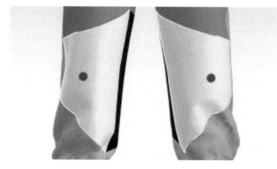

图4-5-21　冷冻面料

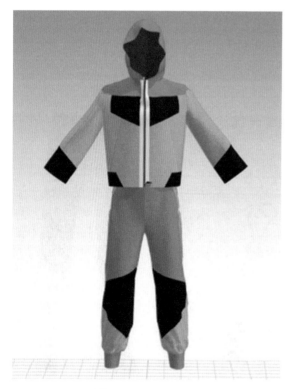

图4-5-22　导入文件

（3）部分面料调整：选择【选择/移动】工具，点击不改变面料属性的面料（膝盖部位的面料），同时按住【Shift】连续选择多块板片（图4-5-20），选择【编辑】→【Context菜单】→【3D服装】→【冷冻】，冷冻面料（图4-5-21）。冷冻及解冻作用：冷冻时，无法对其进行【Object Browser】窗口下的织物更改，解冻后恢复，运用该功能可对膝盖处的此部分面料进行单独处理。

6. 保存文件

选择【文件】→【另存为】→【服装】进行保存。

4.5.3　整合上装与下装部分

1. 导入文件

选择【文件】→【添加】→【服装】，将上装导入（图4-5-22）。

2. 选择虚拟模特

选择【Library】→【Avatar】→【Male_Martin】→选择模特。

3. 设置模特鞋子属性

选择【选择/移动】工具，点击鞋面打开【Property Editor】窗口（图4-5-23）。点击颜色栏，在颜色库选择适合颜色进行修改（图4-5-24）。另一鞋面同理，最后效果如图4-5-25所示。

图4-5-23　鞋面编辑栏

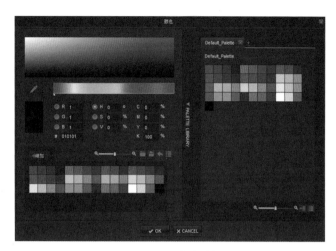

图4-5-24　颜色选择

4. 虚拟试衣

所涉及的功能包括【模拟】（ ▼ ）。完成所有设置后，选择【模拟】工具，进行服装整体调整。

图4-5-25　改变属性后的鞋子

4.5.4　3D动态走秀

1. Motion文件复制

打开CLO 3D 4.0，将CLO 3D 4.0文件中的Motion复制到CLO 3D 5.0的Preset→Avatar（在Avatar文件夹中创建一个Motion文件）文件夹中。执行该步骤是由于目前CLO 3D 5.0的动态部分缺失。

2. 导入项目及选择动作

点击【ANIMATION】，导入做好的男士运动套装项目，点击Avatar→Motion，选择相应动作（图4-5-26）。

3. 模拟动作

选择【ANIMATION】，在录制模式下，选择【录制】工具进行模拟至模拟完成（在进行模拟动画时，先点击【录制】工具再点击【播放】工具，衣服贴合虚拟模特走动；若直接选择【播放】工具，则只有虚拟模特产生动作，服装不动）（图4-5-27）。

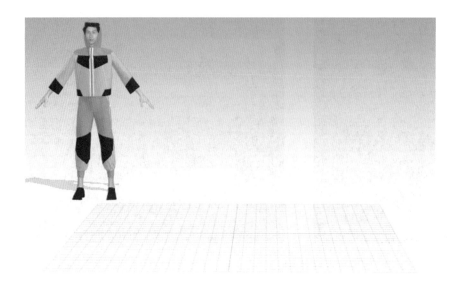

图4-5-26　选择动作

图4-5-27　模拟动作

4. 走秀T台设置

该步骤涉及名为Show Player的T台渲染软件。将利用CLO 3D 5.0制作完成的服装Zprj文件保存在Show Player安装文件下的特定位置（CLO Show Player→FashionShowView→Model→Cloth）。打开Show Player软件，选择背景、灯光与视角。Show Player软件可提供多款模特走秀下的T台背景。目前，Show Player软件需在其安装版本与CLO 3D 5.0匹配条件下才能正常运行。

5. 录制视频

打开任意屏幕录制软件，进行屏幕录制。在录制视频时，先将视频文件格式改为
Avi 格式，以便播放。最终完成 3D 动态 T 台走秀视频录制。注：某些 CLO 3D 版本的
界面中包含【视频抓取】功能，在屏幕录制时，可直接运用该软件提供的此功能。

思考题

1. 试使用【固定针】调整服装造型。
2. 试调整不同光泽度的金属纽扣属性。
3. 试使用 CLO 3D 5.0 绘制一款男士亚麻休闲大衣。
4. 试使用 CLO 3D 5.0 绘制一款男士燕尾服，并调整【归拔】数值整理衣袖。
5. 试制作男士西装的 3D 动态走秀视频。

参考文献

[1] 盛楠. 电脑辅助设计在服装设计中的应用研究 [J]. 赤峰学院学报 (自然科学版),
    2017,33(11): 42–43.

[2] Zhao Y, Dai F, Gupta MM, Zhang W. Ontology modeling for intelligent computer-
    aided design of apparel products[J]. International Journal of Automation Technology,
    2016,10(2): 144–152.

[3] Arribas V, Alfaro JA. 3D technology in fashion: from concept to consumer[J]. Journal of
    Fashion Marketing and Management: An International Journal, 2018,22(2): 240–251.

[4] 梁惠娥, 张守用. 虚拟三维服装展示技术的现状与发展趋势[J]. 纺织导报, 2015(3): 70.

[5] 沈海娜, 支阿玲. 基于三维技术的服装艺术设计专业 "计算机辅助设计" 课程教学
    改革实践[J]. 美术大观, 2018(11): 130–131.

[6] 刘冬, 朱家云. 计算机网络对服装设计发展的作用: 评《计算机辅助服装设计》[J].
    印染助剂, 2018,35(04): 71.